"十四五"普通高等教育本科部委级规划教材

柞蚕丝绸生产与应用

张 月 主 编

于学成 张 夏 曹继鹏 于文福 副主编

中国纺织出版社有限公司

内 容 提 要

本书系统地阐述了柞蚕丝绸的生产工艺流程及其应用，具体内容包括柞蚕的概述、柞蚕茧制丝生产工艺与过程、柞蚕丝绸的设计与生产、柞蚕丝绸的印染与整理、柞蚕丝绸生产实例五大部分。

本书可作为高等院校纺织工程专业的教材，也可供相关专业的工程技术人员和科研工作者参考。

图书在版编目（CIP）数据

柞蚕丝绸生产与应用／张月主编；于学成等副主编.
北京：中国纺织出版社有限公司，2024.10. --（"十四五"普通高等教育本科部委级规划教材）. --ISBN
978-7-5180-0699-1

Ⅰ. TS145.3
中国国家版本馆 CIP 数据核字第 2024UN7919 号

责任编辑：沈 靖　　责任校对：高 涵　　责任印制：王艳丽

中国纺织出版社有限公司出版发行
地址：北京市朝阳区百子湾东里 A407 号楼　邮政编码：100124
销售电话：010—67004422　传真：010—87155801
http://www.c-textilep.com
中国纺织出版社天猫旗舰店
官方微博 http://weibo.com/2119887771
三河市宏盛印务有限公司印刷　各地新华书店经销
2024 年 10 月第 1 版第 1 次印刷
开本：787×1092　1/16　印张：12
字数：260 千字　定价：68.00 元

柞蚕原料加工和柞蚕丝绸生产具有投资少、见效快、收益大的特点，是乡村劳动致富的重要生产项目之一。为提高柞蚕生产的科学技术水平、推广科研、助力企业生产，辽东学院有关科研、教学人员以及相关企业人员共同编写了本书。

"柞蚕丝绸生产与应用"是纺织工程专业核心特色课程。本书由柞蚕的概述、柞蚕茧制丝生产工艺与过程、柞蚕丝绸的设计与生产、柞蚕丝绸的印染与整理、柞蚕丝绸生产实例五大部分组成。本书第一部分由辽东学院张夏执笔，第二部分由辽东学院张月、张夏执笔，第三部分由辽东学院于学成、张月执笔，第四部分由辽东学院林杰执笔，第五部分由辽东学院曹继鹏、丹东华星纺织品有限公司于文福执笔。

本书参考了纺织领域前辈的专著、教材以及近期发表的文献资料，结合辽东学院教学团队的学习及研究成果，与校企合作单位丹东华星纺织品有限公司共同撰写而成。本书主要参考了《柞蚕茧制丝技术》《丝绢织染概论》《中国丝绸通史》《中国茧丝绸产业改革发展纪实》《安东旧影》《中国丝绸史》《蚕丝工程学》及丝绸、蚕桑相关杂志刊登的众多论文，包括丝绸及蚕桑行业专业人员的论述，在此致谢及进行说明。

由于教学团队人员的研究水平、教学经验、专业范围的限制，书中难免会出现错误及表述不当之处，敬请广大读者批评、指正，在此表示衷心感谢！

编者

2024 年 1 月

第一部分　概　述

第二部分　柞蚕茧制丝生产工艺与过程

第三部分　柞蚕丝绸的设计与生产

第四部分　柞蚕丝绸的印染与整理

第一部分
概　述

在"蚕"的家族里，由于"桑蚕"很早就被人们发现并利用，又经过人工养殖，所以"桑蚕"又称为"家蚕"。此外，还有很多蚕种是在野外放养的或自然生长的，被称为"野蚕"，柞蚕就是其中的典型代表。虽然柞蚕的选种、产卵、孵化蚁蚕等都是采用人工方法进行的，但因其在野外放养长大结茧，所以仍称为"野蚕"。本部分主要是对柞蚕的概述。

课件

第一章　柞蚕的起源与分布

　　柞蚕是野蚕中产量最大的蚕种，也是产量仅次于桑蚕的第二大蚕种。随着养蚕技术的进步，柞蚕从蚕卵孵化到二龄或三龄喂养，都是人工采用"袋育"方式进行的，仅在三龄或四龄食叶量大时移蚕到柞树上，整个饲养过程中人工喂养部分约占50%，但仍习惯称其为野蚕，也便于区别于桑蚕。

一、柞蚕的起源

　　柞蚕的起源在中国，人们发现及利用它的时间要比桑蚕晚。在古代由于桑蚕生产的丝绸轻薄、质量好，且桑蚕的喂养管理已趋成熟，其生产时间短、产量高、效益高，整个社会生产已经形成系统化，因此在全国各地都有生产，是当时极为重要的产业。而柞蚕相对来讲产量少，完全自然生长，丝离解困难，饲养付出要比桑蚕大得多，且效益低。人们一般利用其纤维为"絮"，食蛹的重要性可能比作"絮"更为重要。因此，柞蚕缺乏好的丝绸产品。在出土的文物中，很少有柞蚕的身影，目前还没有发现这方面的考古报道。因此，关于柞蚕的起源，需依据古籍的记载来论述。

1.《尚书·夏书·禹贡》的记载

　　在《尚书·夏书·禹贡》记九州贡物，"海岱惟青州……厥篚檿丝"（檿丝，蚕食檿桑所得丝，据考为现在的柞蚕丝）。若该书为伏生（公元前268—前178）口述，则表明柞蚕利用至今已有2200余年。若按《尚书·夏书·禹贡》记载的是夏朝时期（公元前2070—前1600年）情况推断，那么柞蚕利用至今至少3500年。

2.《伏侯古今注》记载

　　崔豹引东汉伏无忌撰《伏侯古今注》曾记载：汉元帝永光四年（公元前40年），东莱郡（今山东省掖县）东牟山有野蚕为茧，茧生蛾，蛾生卵，卵着石。收得万余石，民以为蚕絮。则可以推断出柞蚕的利用有2000余年。

3.《广志》记载

　　最早出现"柞蚕"之名的记载是晋（公元265—420年）郭义恭所著的《广志》，以柞树叶为饲料而得名，"柞蚕食柞叶，民以作绵"，因放养在山野，又称山蚕或野蚕。可见"柞蚕"一词出现也有1600年了。

　　根据以上论述，可以认定柞蚕利用至今有2000余年历史是有迹可循的。

二、柞蚕的传播

　　（1）秦汉时期，我国的柞蚕人工放养已经开始。

（2）唐宋时期，利用柞蚕茧缫丝织绸已经成为柞蚕产区及相邻城镇的民间手工业。

（3）明清时期，柞蚕业有一个蓬勃发展时期。清末民初河南南召有"一筐蚕，十亩田"的民谚。

（4）西汉末年，刘秀征战山东时，看到有人工放养柞蚕，就引种到南召老家。

（5）清代中叶，由山东半岛引种到辽河以东地区。

（6）民国初年，除了在山东、辽宁、河南有很多土法缫丝厂和手工织绸作坊外，在安东、烟台、上海等地已出现较为先进的机械化缫丝厂和纺织厂。

辽宁丹东柞蚕业，主要起源于清乾隆、嘉庆年间。随着东北地区东边道的开发，大批山东移民涌入辽宁，把人工放养柞蚕及缫丝织绸的技术传到辽宁地区；柞蚕缫丝织绸盛行于咸丰、同治年间。

三、柞蚕的分布及产量

柞蚕起源于中国，其产业也主要分布在中国，国外如印度、朝鲜、俄罗斯、巴西、波兰、匈牙利和日本等国亦有少量分布。本节主要讲述国内柞蚕产业发展现状。

（一）柞蚕的产区分布

柞蚕分布在我国近三分之一的省份，在我国东北、内蒙古、河南、贵州、四川等地都有柞蚕产地。目前，按地理分布划分，现代中国的柞蚕大致分布在以下四个区。

（1）千山昆嵛山柞蚕区。主要包括辽宁东部和山东半岛的山地丘陵，是中国最大的柞蚕茧产区，占全国产量的84%。辽宁现有11个市放养柞蚕，其中丹东是最大的柞蚕原料加工和柞蚕丝绸生产基地。山东蚕场主要饲养清末民初人工种植的尖柞，目前正逐步恢复对柞蚕的饲养。

（2）兴安岭长白山柞蚕区。包括黑龙江、吉林、内蒙古。一般产茧 2800 t/年，是最具有开发潜力的地区。黑龙江产区主要在东部的牡丹江及合江地区、西部的黑河及嫩江地区；吉林产区主要集中在通化、辽源、吉林、延边地区；内蒙古产区主要在呼伦贝尔市、赤峰市。

（3）伏牛山大别山柞蚕区。主要包括河南、湖北，是我国柞树树种最集中的地区，通常产茧 4500 t/年。

（4）大娄山柞蚕区。主要包括贵州、四川的山地丘陵地区，年产茧 4300 t，且产量在逐年增加，主要是用尖柞放养。

（二）柞蚕茧产量

1. 全国的柞蚕茧产量概况

柞蚕产业是我国部分山区难以替代的传统优势产业，是我国柞蚕茧产区农民增收的特色产业，具有良好的经济、生态和社会效益，是山区农民的重要经济来源。沈阳农业大学柞蚕研究所王勇在《中国蚕业》期刊发文指出："我国是柞蚕产业的发源地及世界柞蚕产业第一大国，我国柞蚕茧产量占世界柞蚕茧总产量的90%以上。目前，辽、吉、黑、内蒙古、豫、鲁、冀、晋、鄂、川、黔等 11 个省的 150 多个市（县）、700 多个乡（镇）共 13 万农户从事柞蚕产业，柞蚕茧年产量稳定在 9.5 万 t 左右，农业产值 40 亿元以上，柞蚕茧加工及多元化利用产值约 400 亿元，同时带动了大量劳动力的就业，创造了巨大的社会财富。

2. 辽宁的柞蚕分布及产量

辽宁丹东是"东北亚丝绸之路"的发源地，也是辽宁省野生柞蚕主产地及流通转化的集散地，掌控全国蚕种量的 80%，被称为"中国野蚕之乡"。辽宁省已经形成了柞蚕育种、放养、加工、人才培养、科学研究的体系。辽宁的柞蚕茧产量主要集中在丹东、鞍山、大连、营口、辽阳等地，产量占全国的 50% 以上（各种统计口径数据差异较大，取低值），基本在 5 万 t 左右。

丹东现有柞园面积 200 万亩，其中人工蚕场面积 50 万亩，常年放养柞蚕 3 万把，产茧量 2 万 t 左右，分别占全国和全省的 25% 和 40%。目前，全市有 47 个乡（镇）、297 个村、3476 个村民组放养柞蚕，分别占全市区乡（镇）、村、村民组总数的 60.3%、44.3% 和 51.8%。重点养蚕乡镇的蚕业收入占农业总收入的 20% 以上。蚕民平均养蚕收入 20000～30000 元，特别是在耕地较少的山区，是农民增收的主要经济来源。

2023 年辽宁省柞蚕生产重点县的柞蚕产业收入占农业总收入的 10%～15%，许多乡村柞蚕产业收入占农业总收入的 30%～50%；平均每个农户秋季放养 1 季柞蚕，投入种卵约 2 kg，产柞蚕茧约 1000 kg，直接产值 4 万元左右，其中纯收入 3 万元以上。

四、丝绸文化发展

（一）东方丝绸之路

丝绸起源于中国并逐步传播到世界各地，促进了各民族的文化交流，推动了人类社会的发展与进步。丝绸之路有北方丝绸之路、南方丝绸之路、草原丝绸之路及海上丝绸之路的不同路线及称谓。由朱新予主编的《中国丝绸史》（通论）一书中论述的"营州道（唐朝）"指的就是东方丝绸之路，即从北京经辽西古道（包括傍海通道）及辽东到达朝鲜半岛，并延伸到日本的陆路通道。东方丝绸之路以栽桑养蚕技术传播及文化传播为显著标志，并且确立了辽宁丹东成为世界及中国最大柞蚕原料产地的中心地位。

（二）丝绸行业参与"一带一路"

"一带一路"是指借用古代丝绸之路的历史符号，高举和平发展的旗帜，积极发展与"一带一路"共建国家的经济合作伙伴关系，共同打造政治互信、经济融合、文化包容的利益共同体、命运共同体和责任共同体。丝绸行业积极参与"一带一路"，我国丝绸生产技术再次踏上传播之路，为实现合作共赢，建设人类命运共同体做出重要贡献。例如，广东省丝绸纺织集团在肯尼亚建设 10 万公顷桑园；在埃塞俄比亚、乌干达、坦桑尼亚、赞比亚、津巴布韦、尼日利亚等周边国家建立示范基地；力争打造中非合作新时代蚕桑产业的标杆项目，助力开拓中非"新丝绸之路"，为非洲解决 30 万个就业岗位。浙江丝绸机械企业，将自动缫丝机技术传播到中亚、东南亚，推动新时代中外文化交流。

第二章 柞蚕的一生

柞蚕是我国特有的经济昆虫资源，是仅次于桑蚕的第二大经济昆虫。柞蚕生产具有投资少、见效快、收益大的特点，是山区劳动致富的重要生产项目之一。我国是世界生产柞蚕茧最多的国家，年产茧量约占世界总产量的90%。

（一）柞蚕的生长特点

柞蚕在动物学中，属于节肢动物门，昆虫纲，鳞翅目，天蚕蛾科，天蚕蛾属，柞蚕种。柞蚕的生长发育是完全变态发育，要经过卵、蚕（幼虫）、蛹、蛾（成虫）四个形态不同的过程，并以蛹越冬。一年经过一个世代的柞蚕为一化性品种，一年经过两个世代的柞蚕为二化性品种。陕西、四川、湖北、贵州四省及山东省中南部产地的柞蚕为一化性品种；辽宁、吉林、黑龙江、内蒙古等省区和山东北部产地的柞蚕为二化性品种，且多为二化一放，即用人工控制柞蚕蛹羽化期，一年只放养一次，这样既可防止春蚕期寄生蝇危害，又可避免秋蚕期早霜袭击。

蚕每个龄期的长短，因蚕的品种、饲料（麻栎、蒙古栎、槲栎等）、气温以及放养技术等条件的不同而不同。柞蚕结茧之后，便在茧内蜕皮化蛹；蛹经过一段时间的发育（越冬蛹有滞育期），在茧内蜕去蛹皮，羽化为蛾。蚕从体内吐出一种碱性胃液，湿润茧柄端的封口处。这种胃液能够溶解软化柞蚕茧丝上的丝胶，但不会溶解茧丝的丝素，还能方便蛾从茧柄处钻出来。

（二）柞蚕的发育过程

柞蚕的各个生长阶段指从蚕卵开始孵化出蚁蚕，到结茧化蛹出蛾，在各个阶段都有不同的生长或变化过程。

1. 卵

柞蚕卵在雌蛾体内初期呈翡翠绿色；在体内成熟后呈鸭蛋青色，形状扁近似圆形。卵排出体外后，由于体内腺体的液体粘在表面，成为褐色。排出的卵表面有病原体，因此需要在卵孵化前消毒，提高幼虫的成活率。

2. 蚕（幼虫）

蚕在发育过程中，需要经过四次眠，即五个龄期，才能进行吐丝结茧。由卵孵化出来的蚕属于第一龄；开始食叶后数日即停而进入第一眠，眠后蜕皮进入第二龄期；蚕相继经过四次蜕皮，便进入最后一个龄期，即第五龄期。第五龄期蚕体重一般为 15~20 g。五龄末期的蚕停止食叶，排出体内粪便，并寻觅适当的场所进行吐丝结茧。

以柞蚕秋茧为例，柞蚕卵升温孵化需要15天，形成蚁蚕；从蚁蚕到五龄熟蚕需要43天，即一龄期6天，二龄期5.5天，三龄期5天，四龄期8.5天，五龄期18天；柞蚕吐丝结茧需要 10 天。因此，柞蚕秋茧从卵孵化开始，至蚕吐丝结茧，共计需要 68 天。柞蚕各龄日数见表 1-2-1。

表 1-2-1　柞蚕各龄日数

期别	一龄	二龄	三龄	四龄	五龄	全龄
春蚕	7	10	9	11	15	52
秋蚕	6	5.5	5	8.5	18	43

3. 蛹

五龄蚕"老熟"后，开始吐丝结茧。在此过程中身体逐渐缩小，开始化蛹。一般结茧需 3 天、蚕变蛹需 7 天，退化的柞蚕背部就裂开完全变成蛹，蛹摆动身体，退掉蜕皮，蛹和蜕的皮都在柞蚕茧内。柞蚕蛹刚化成时，身体很软，蛹体一般是黑色，有少部分是褐色带黄，一般人们称为"黄色蛹"。

一般柞蚕茧存储在没有取暖的房间或棚厦，冬季低温气候保存。等到来年 4 月以后，随着温度的升高，蛹体开始化蛾，经过一定时间，蛹变蛾。如果不让蛾出蛹，就要放到低温保存。

4. 蛾（成虫）

在一定温度下，柞蚕蛹经过一定时间就变成蛾，从柞蚕茧里钻出来了。

第二部分
柞蚕茧制丝生产工艺与过程

柞蚕丝绸
原料篇视频

第一章　柞蚕茧概述

柞蚕原料茧的性质和质量对柞蚕制丝生产具有关键作用，且直接影响企业的经济效益。在柞蚕制丝生产过程中，原料的成本占70%以上，所以柞蚕茧的各项性能直接影响制丝生产加工，应高度重视。

第一节　柞蚕茧丝的形成

一、柞蚕茧丝

柞蚕茧丝是由绢丝腺中的绢丝液形成的，柞蚕绢丝液的主要成分是蛋白质，包含丝素蛋白、丝胶蛋白、水分及很少的无机物等。绢丝腺是柞蚕体内的一个器官，是柞蚕特有的一种分泌腺，腺体左右对称，各有一条，前端合二为一。柞蚕整个腺体可分为前、中和后三区丝腺，其中前部丝腺最短，后部丝腺最长；前部丝腺最细，后部丝腺最粗。

通常说的一根"茧丝"，其实是由两根"单丝"组成的，这是由于柞蚕体内的绢丝腺左右对称，形成两根单丝。柞蚕茧丝外层包裹的丝胶，经精练脱胶后，茧丝分成两根单丝。

柞蚕绢丝腺在蚕一龄或二龄期间虽然很细，但其内部已经存有绢丝液，并且在蚕要眠时，吐出一些来固定身体。随着柞蚕的发育逐渐长大，到五龄中期以后，后部丝腺比中部丝腺明显粗大，成熟柞蚕的整个丝腺长60 cm左右，重量约占柞蚕体重量的10%。其中，前部丝腺是向吐丝口输送绢丝的通道，中部丝腺分泌的是丝胶，后部丝腺分泌的是丝素。

柞蚕丝素按其分泌时的形态，分黏质和颗粒质丝素两种。黏质丝素从腺腔壁面伸出，形成吊桥，流到线腔里，包含很多气泡；颗粒质丝素在壁面附近集合，形成液泡并在黏质的吊桥间浮游，同时移动到腺腔里面，颗粒质的丝素不含气泡。腺腔的丝素层里包含有无数大小气泡，这些气泡随着柞蚕丝素绢丝液的流动，不规则地排列，气泡在通过中部丝腺时逐渐变小，到了前部丝腺便形成空气沟，在柞蚕茧丝横断面看到的很多毛细孔就是这样形成的，这也是柞蚕纤维孔隙比较多的主要原因之一，由此柞蚕纺织品的保暖性能较好。

当柞蚕吐丝时，液状的丝素受腹部和腺腔的压力，由后部丝腺向前移动，经过中部丝腺时，被分泌的丝胶所包围；向前流动到前部丝腺时，丝胶完全胶着在丝素外围，形成一根柱状的绢丝物质；待前进到吐丝部的两管汇集处，两管的绢丝物质汇合挤压在一起，通过吐丝口牵伸出体外，接触空气凝固硬化而成为茧丝。因此，柞蚕茧丝的纵向看是长丝，但不如化学纤维粗细均匀，而是粗细有变化；从截面看是两根丝素的外面，包裹了一层丝胶，而且两根丝素被丝胶分隔开。

二、柞蚕结茧

柞蚕结茧时，首先吐出一些丝缕，牵拢柞叶扯成可遮蔽蚕体的丝网，开始做茧柄，从茧的上部向前延伸，尖端牢固地缠绕在柞树枝上，如图 2-1-1 所示。茧柄结完后，蚕退回丝网内，头部、躯体不断上下左右摆动，吐出连绵不断的丝缕，结成茧的全形，如图 2-1-2 所示。气候适宜的条件下柞蚕结茧只需三昼夜。

图 2-1-1　柞蚕开始吐丝结茧柄　　　　图 2-1-2　柞蚕茧的全形

柞蚕在吐丝结茧过程中，不是一次吐完绢丝，中间还有若干次间歇。由于温度变化和外界环境影响，先吐出的丝层与后吐出的丝层的干湿程度不同，因此不能很好黏合。如将茧层中的丝胶脱去，并除去水分，用针便可将丝层逐层揭开。

在柞蚕结茧过程中，蚕由体内排出胃肠残液 2～5 mL 湿润茧层（俗称上浆）。这是以保护茧层为目的的生理性排泄物。胃肠残液的主要成分是草酸钙，其充填于茧层丝缕空隙间，使茧层丝缕固着程度加强。这种排泄物对茧层的色泽以及解舒难易有直接的影响。草酸钙可用盐酸处理除去，但会妨碍药物渗透，影响柞蚕解舒。

柞蚕结成茧后，在茧柄下部留有天然的缝隙，通称为封口部。此处茧层结构疏松。柞蚕在结茧时，由于体质和外界条件的不同，形成的孔隙大小也不同。如果茧的封口不严密，在解舒处理或缫丝索绪中很容易出现破口茧，从而不能正常缫丝，减少出丝量。

三、柞蚕茧丝的排列方式

柞蚕在吐丝时，既有头部的左右摆动，又有身体的前后移动。因此在茧层形成的茧丝排列不是堆积在某一区域，而是随着吐丝的不断进行，比较均匀地分布在茧层上，茧丝的排列基本是"S"形或"8"字形。

柞蚕在某一区域吐丝一定回数后，会有一个很大的移动，有时可贯穿茧子两端，但茧丝没有断，仍然是连续的。经测定个别柞蚕茧：在吐丝某一段区间，而且是比较稳定的吐丝过程中，其丝圈长度在 0.5～2.0 cm，个别大于 2.0 cm。

第二节　柞蚕茧的性状

一、柞蚕茧的形状

柞蚕茧的正常形状为椭圆形，上部稍尖（附有长短不等的茧柄），中部稍大，下部则稍钝，体积比桑蚕茧大得多。此外，还有各种畸形柞蚕茧，如圆形、细长形、凹凸形等。造成畸形茧的原因有：放养密度过大，病蚕结茧；结茧时低温、多湿、空气不流通以及蚕营养不良等。正常形状的柞蚕茧解舒好、出丝量多，是制丝理想的原料；畸形茧中变形程度轻的可以缫丝，严重的则不能缫丝。

茧柄是柞蚕茧所特有的，桑蚕茧没有茧柄。柞蚕茧柄如图 2-1-3 所示，由于柞蚕是在野外树上结茧形成的，如果柞蚕在一些网具里面结茧，就没有茧柄。从茧柄的位置及形态可以判断柞蚕的雌雄：柞蚕雄茧的茧柄位置正、根窄细；雌茧的茧柄位偏、根宽长。

图 2-1-3　柞蚕茧柄

在柞蚕茧留种时，是根据茧子的大小和两端形状及茧柄的特征来鉴别的。柞蚕茧柄是柞蚕蛹头部的位置。当柞蚕蛹化蛾后，吐出体内的无色蛋白酶，湿润并软化端部的丝胶，蛾用头拱开此处茧层较疏松处，钻出茧壳。但是也有一些柞蚕蛹的头部不在茧柄的位置，而在茧子的尾部。

二、柞蚕茧的大小

柞蚕茧的大小与柞蚕品种、食用树叶的品种、雌雄蚕、环境等诸多因素有关，同一批庄口的柞蚕茧可以分出大、中、小不同的茧形。一般来说，柞蚕茧丝的纤度与茧形大小有密切关系，茧形大的茧子，纤度粗。

柞蚕茧的大小一般通过茧子横向尺寸及纵向尺寸来比较，即茧子的长度及茧子的茧幅（茧子的高度）来衡量。研究表明，对某一庄口柞蚕茧抽样在千粒以上时，测量出来的不同茧幅的粒数符合正态分布；而同一茧幅，不同茧长粒数也符合正态分布。对同一茧幅、不同茧长的茧子进行测量，其体积和重量随茧长的增大而增加；进行一粒缫后，茧丝长度及纤度随着茧长的增加而增加，但不明显。所以柞蚕茧的分形要按照茧幅、茧长两个指标进行，可以较好表明茧子大小的状况。一般情况下，先通过测量茧幅对柞蚕茧进行分类；然后测量同一茧幅的茧子长度进行分档。

测量茧幅时，采用十字交叉法进行测量，测量结果取两次测量的大值。因为柞蚕茧的截面是椭圆形的，一些茧子的长短径差异比较显著，有的相差 2 mm 以上，采用十字交叉法测量基本可以消除误差。茧幅和茧长测量的具体操作如下。

（1）采用游标卡尺测量，测量时以 mm 为单位，以 1.0 mm 为分档标准，不足 1.0 mm

时，以游标卡尺刻度靠近的整数为档；如果游标卡尺刻度正处于 0.5 mm 时，则以茧数量多的一档为主。

（2）测量茧幅时，采用茧柄一律朝上的原则，找到茧子的最粗部位测量一次，再转动 90°测量一次，以数值最大的为准进行分档，一般茧子都存在 2~4 mm 的差值。

（3）测量茧长时，用手将茧子持平，拇指及食指持茧柄端，并朝向游标卡尺上卡口。茧柄根部凸出，但它是茧子的一部分，所以适当加微力与游标卡尺接触测量一次即可，记录数据。

辽宁产区的春柞蚕茧长一般为 4.2 cm，茧幅约为 2.1 cm；秋柞蚕茧长一般为 4.7 cm，茧幅约为 2.4 cm。

三、柞蚕茧的颜色

柞蚕茧的绢丝腺几乎无色或呈淡黄色，刚吐出的茧丝为纯白色（茧丝的色素大部分存在于丝胶之中，有部分存在于丝素之中），但在结茧过程中，蚕胃肠排出的残液湿润茧层，干涸后呈黄褐色，仅有少数茧能保存原色。

柞蚕茧一般外层颜色较深，内层颜色较浅（基本接近白色），其颜色与柞蚕产地、放养季节、饲料等有一定的关系。辽宁产区的茧色较深，河南和贵州产区的茧色较浅；春茧多为淡黄褐色，秋茧多为黄褐色；食用较老和较粗糙的柞叶所结的茧为暗褐色。

茧色与制丝的关系为：一般浅色茧比深色茧解舒好，解舒处理时间短，解舒用药少；缫丝时落绪少，因此出丝率高。

四、柞蚕茧层的缩皱

柞蚕茧层的缩皱是指茧层表面细微凹凸的皱纹。茧层缩皱是柞蚕吐丝时，从外层逐渐吐到内层，由于吐出丝缕有先后，因此干燥也有先后，外层因接触空气易干燥，而内层还未干燥；当内层达到干燥时，引起外层收缩，外层便形成凹凸不平的缩皱。但随着茧层逐渐增厚，茧丝干燥缓慢，收缩力减小，所以越到内层，茧层越平滑，缩皱消失。柞蚕茧的缩皱比桑蚕茧密，如图 2-1-4 所示，水不易渗透，所以柞蚕茧的解舒比较困难。

（a）柞蚕茧层　　　　　　（b）桑蚕茧层

图 2-1-4　柞蚕和桑蚕茧层

五、柞蚕茧层的松紧

柞蚕茧层的松紧是指茧层的软硬程度和弹性程度，坚硬而富有弹性的称为紧，柔软而疏松的称为松。柞蚕茧的茧层较紧，主要是由于柞蚕结茧时所排泄的草酸钙、尿酸铵盐等溶液胶着茧层所致。如茧层极度坚硬，则杂质含量多，胶着程度大，解舒处理困难；如茧层过分疏松，则胶着力很小（如绵茧），也不宜做缫丝原料。茧层的松紧程度同样与蚕的品种、饲料、气候条件以及蚕的体质有关，饲养条件好、蚕体健壮，则茧层松紧程度良好。

六、柞蚕茧层的通水性和通气性

蚕吐丝结茧时，丝缕交错积叠，在茧层中形成空隙，可以通过水和空气，而茧层空隙大小不一，其通水性和通气性也不同。通水性和通气性好的茧，解舒处理时茧腔容易吸水、吸药，内外层解舒均匀；通水性和通气性差的茧，则反之。柞蚕茧由于茧丝扁平，茧层中含有较多的草酸钙、尿酸铵盐及灰分，胶着面积大而牢，空隙紧密，所以通水性和通气性较差。柞蚕茧层的通水性和通气性测定结果，见表2-1-1。

表 2-1-1　柞蚕茧层的通水性和通气性

茧层部位	厚度（mm）	通水量（mL/min）			通气量［mL/（cm³·min）］		
		红褐色茧	淡黄褐色茧	黄褐色茧	红褐色茧	淡黄褐色茧	黄褐色茧
头	0.40	7.5	45.4	30.4	720	1077.6	1068
中	0.40	2.7	27.7	10.5	342	1010.4	660
尾	0.40	5.7	32.4	11.8	534	984.0	588
平均	0.40	5.3	35.2	17.8	532	1026	774

注　辽宁丝绸科学研究院测定。

由表2-1-1可见，柞蚕茧层各部位的通水性和通气性是不同的，一般头部较好，中、尾部较差。柞蚕茧封口部由于结构疏松，通水性、通气性较好，但在解舒处理和缫丝过程中，如封口部丝胶及杂质溶失过多，容易形成破口茧，影响柞蚕缫丝的产量和回收率。

此外，对于柞蚕茧而言，手感弹性程度好的，茧层的通水性、通气性就好。河南等地所产的柞蚕茧，其通水性、通气性较好，鲜茧解舒处理仅用热水就可以，不用解舒药剂。

七、柞蚕茧层的厚薄

柞蚕茧层的厚度，是柞蚕茧工艺性能的一项重要物理指标。柞蚕茧层厚度的大小从手感上表现为柞蚕茧的软硬上。当捏压柞蚕茧时，茧层厚度大的，手感为硬、弹性大、不瘪、厚实，当压力去除后茧层依靠弹性力能够回复；而茧层薄的易被压瘪，且不易恢复原态。茧层很薄的茧子，因茧丝干燥后的回缩，茧层表面呈干瘪的状态，这种基本是没有变为蛹的死蚕。此外，还有数量很少的绵茧，手感很软，但茧层并不薄。在对柞蚕茧进行解舒处理的过程中，不管是漂茧还是采用中性蛋白酶解舒，首先都要对柞蚕茧进行煮茧，然后采用解舒剂进行处理。以上两个过程中茧层厚度对工艺条件是有影响的，处理得当与否直接影响企业效益。

八、柞蚕茧的茧重

一粒柞蚕茧的茧重包括茧层、茧柄、茧衣、蛹体及蜕皮的重量，又称全茧量。辽宁一粒柞蚕茧的最大重量为 10 g，最小重量为 5.5 g，平均重量为 8 g。由于柞蚕吐丝结茧时，是依托柞树叶成形的，所以全茧重应去掉柞树叶等杂质后的重量。

丹东凤城汤山城镇的柞蚕秋茧平均粒茧重的变化情况，见表 2-1-2。

表 2-1-2　丹东凤城汤山城镇柞蚕秋茧平均粒茧重变化情况

称量条件	粒茧重（g）	原因
购买时	9.11	含水量大、茧上有树枝叶屑、灰土多
放置三个月	7.87	有相当数量没有化蛹的死蚕，水分散发大
百粒抽样调查	8.34	均为活蛹茧，白僵蚕与死蚕均进行了调换

九、柞蚕茧的茧层量和茧层率

柞蚕茧的茧层量是指一粒茧的茧层、茧柄及茧衣的总重量，柞蚕茧层量最大的在 1 g 以上，最小的在 0.4 g 以下，一般平均在 0.75 g 左右。其中，茧层量在 0.45 g 以下的称为薄茧。丹东柞蚕秋茧的平均茧层量为 0.96 g，见表 2-1-3。

表 2-1-3　丹东柞蚕秋茧茧层量分布粒数

茧层量（g）	一组	二组	一组中小中大粒数			二组中小中大粒数			两组平均粒数
			小	中	大	小	中	大	
1 以上	39	45	0	24	15	0	25	20	42
0.96~1	3	4	1	2	0	0	4	0	3.5
0.86~0.95	16	13	0	14	2	0	12	1	14.5
0.76~0.85	15	11	1	11	3	0	11	0	13
0.66~0.75	13	16	3	9	1	6	10	0	14.5
0.56~0.65	9	10	3	6	0	4	6	0	9.5
0.45~0.55	4	1	2	2	0	1	0	0	2.5
0.45 以下	1	0	1	0	0	0	0	0	0.5
合计粒数	100	100	11	68	21	11	68	21	—

从表 2-1-3 可知，柞蚕秋茧茧层量在 1 g 以上的占 42%，在 0.75~1.0 g 的占 31%，茧层量低于 0.75 g 的占 27%。柞蚕茧层量的大小决定了其出丝量的多少，茧层量大的出丝多，回收率亦高；反之，则出丝少，回收率低。

茧层率是指茧层量与全茧量的百分比。茧层率的高低与蚕的品种、饲料、地区、气候条件及蚕的性别有关，柞蚕茧的茧层率一般在 10% 左右。茧层率计算式如下：

$$茧层率（\%）= \frac{茧层量（g）}{全茧量（g）} \times 100$$

标准 GB/T 10115—2008《柞蚕鲜茧》茧层率定等分级技术指标，见表 2-1-4。

表 2-1-4　标准 GB/T 10115—2008《柞蚕鲜茧》茧层率定等分级技术指标

等级	茧层率（%）	下茧率（%）	
		一级	二级
特 3	12.5~12.9	≤2.0	
特 2	12.0~12.4		
特 1	11.5~11.9		
1	11.0~11.4	≤2.0	2.1~6.0
2	10.5~10.9		
3	10.0~10.4		
4	9.5~9.9		
5	9.0~9.4		
6	8.5~8.9		
7	7.5~8.4		
等外	≤7.5	≤6.0	

十、柞蚕茧的茧丝量

茧丝量是指一粒茧缫得的最大丝量，不包括茧柄、茧衣、绪丝、蛹衬、丝胶溶失的重量。柞蚕茧的茧丝量一般为 0.40~0.46 g。茧丝量的计算式如下：

$$茧丝量（g/粒）= \frac{丝量（g）}{供试茧数（粒）}$$

我国主要柞蚕茧产区的茧重、茧层量、茧层率与茧丝量数据，见表 2-1-5。可见，茧层量大，茧丝量就多。另外，茧子质量和缫丝技术水平对茧丝量影响也比较大。

表 2-1-5　柞蚕茧的茧重、茧层量、茧层率与茧丝量

产区	茧重（g/粒）	茧层量（g/粒）	茧层率（%）	茧丝量（g/粒）	备注
辽宁丹东地区	8.7	0.89	10.23	0.46	鲜茧
山东烟台地区	6.8	0.71	10.44	0.45	鲜茧
河南方城地区	5.5	0.78	14.18	0.39	鲜茧
贵州遵义地区	6.3	0.65	10.32	0.38	鲜茧
黑龙江桦南地区	5.8	0.84	14.48	0.46	鲜茧

十一、柞蚕茧的茧丝长

茧丝长是指一粒茧所能缫得的丝长，也是有效丝长。柞蚕茧的茧丝长平均为 800 m，长的在 1000 m 以上，短的在 400 m 以下。

茧丝长与茧形大小、茧层厚薄、保管好坏、解舒质量、缫丝工艺等有密切关系。如茧形大、茧层厚、保管好、解舒质量好、缫丝工艺合理，缫得的茧丝长就长。茧丝长的原料茧，其回收率也高。茧丝长的计算式如下：

$$L_b = \frac{(N_s + N + N_y) \times 1.125 \times 8(定粒数)}{N_c}$$

式中：L_b——茧丝长，m；

$\quad\quad\ N_s$——样丝绞数；

$\quad\quad\ N$——每绞回数；

$\quad\quad\ N_y$——零绞回数；

$\quad\quad\ N_c$——供试茧粒数。

十二、柞蚕茧的解舒丝长、解舒率和解舒丝量

1. 解舒丝长

解舒丝长指添绪一次所缫取的茧丝长度。柞蚕茧的解舒丝长，一般为 300~450 m。解舒丝长与茧的解舒质量、缫丝工艺有密切关系。落绪次数越少，解舒丝长越长。如果在缫丝过程中没有落绪，则解舒丝长等于茧丝长。因此，通常都以解舒丝长的长短和回收率的高低来确定茧质的好坏。测量解舒丝长的方法有两种：一是一粒缫方法；二是定粒缫方法。

（1）一粒缫方法。将解舒处理后的茧子，用检尺器摇取，测量时间长，数据偏大。解舒丝长计算式如下：

$$解舒丝长(m) = \frac{茧丝长(m)}{添绪次数(或 1 + 落绪次数)}$$

（2）定粒缫方法。在缫丝机上，以一定的绪数和每绪一定的粒数（一般 8 粒）缫丝，然后用检尺器摇取。此法适用于茧子粒数较多时，数据比较客观。解舒丝长计算式如下：

$$解舒丝长(m) = \frac{丝条总长(m) \times 定粒数}{供试茧粒数 + 落绪次数}$$

或
$$解舒丝长（m） = 茧丝长（m）\times 解舒率（\%）$$

2. 解舒率

解舒率是指解舒丝长与茧丝长的百分比。柞蚕茧的解舒率一般为 45%~55%，计算式如下：

$$解舒率(\%) = \frac{供试茧粒数}{供试茧粒数 + 落绪茧粒数} \times 100$$

或
$$解舒率(\%) = \frac{解舒丝长(m)}{茧丝长(m)} \times 100$$

15

3. 解舒丝量

解舒丝量是指每添绪一次所缫得的丝量。柞蚕茧的解舒丝量一般为 0.24~0.30 g，计算式如下：

$$解舒丝量(g) = \frac{丝量(g)}{添绪次数} = \frac{茧丝纤度(旦) \times 解舒丝长(m)}{9000}$$

我国主要柞蚕茧产区的茧丝长、解舒丝长、解舒率与解舒丝量数值见表 2-1-6。

表 2-1-6　茧丝长、解舒丝长、解舒率与解舒丝量数值

产区	茧丝长（m）	解舒丝长（m）	解舒率（%）	解舒丝量（g）	备注
辽宁丹东地区	789.00	454.46	56.70	0.29	鲜茧
山东烟台地区	786.20	454.13	57.76	0.29	鲜茧
河南方城地区	831.85	410.00	49.30	0.24	鲜茧
贵州遵义地区	607.30	294.80	49.30	0.31	鲜茧
黑龙江桦南地区	930.37	412.64	44.35	0.24	鲜茧

十三、柞蚕茧的茧丝纤度

柞蚕茧的茧丝纤度，因茧形大小、茧层厚薄、茧层部位的不同而差异较大。通常茧形大、茧层厚的茧，茧丝长，纤度粗。柞蚕茧的平均纤度一般为 5.6 旦。

在同一粒茧中，外、中、内层的茧丝纤度是不同的。一般外层茧丝纤度为 6.2 旦左右，中层为 5.5 旦左右，内层为 4.5 旦左右。我国主要柞蚕茧产区的茧丝纤度见表 2-1-7。

表 2-1-7　柞蚕茧的茧丝纤度

产区	外层（旦）	中层（旦）	内层（旦）	平均（旦）
辽宁丹东地区	6.65	5.59	4.63	5.70
山东烟台地区	6.35	5.65	4.45	5.66
河南方城地区	5.86	5.24	4.21	5.27
贵州遵义地区	6.36	5.97	4.68	5.67
黑龙江桦南地区	6.03	5.16	4.18	5.14

十四、柞蚕茧的回收率

回收率是指缫得的茧丝量与总纤维量（茧丝量、大挽手、二挽手、蛹衬质量之和）的百分比。柞蚕茧的回收率为 55%~60%，挽手（包括大挽手和二挽手）量为 20%~22%，蛹衬量为 18%~20%。回收率的计算式如下：

$$回收率（\%）= \frac{茧丝量（g）}{总纤维量（g）} \times 100$$

回收率是柞蚕缫丝的一项最重要的指标，可以直接估算柞蚕茧的丝产量，在生产管理中很实用。辽宁省五个柞蚕产茧区秋鲜茧的回收率见表 2-1-8。

表 2-1-8　辽宁省五个柞蚕产茧区秋鲜茧的回收率

产区	茧别	总纤维量（g）	回收率（%）
丹东郊区	统号	716.8	54.90
东沟县西部	统号	700.9	56.30
宽甸县南部	统号	802.1	57.40
宽甸县北部	统号	692.7	45.70
凤城县南部	统号	753.2	54.30

回收率除与茧层厚薄有关外，还与原料茧的保管、解舒质量和缫丝工艺有关系，一般回收率相差 3%~5%。

第三节　柞蚕茧层的化学组成成分

柞蚕茧层的组成成分主要是丝素和丝胶，此外还有无机盐、油脂、蜡脂以及少量的单宁、色素和糖类物质等。在柞蚕茧层中，丝素占 84%~85%，丝胶约占 12%。茧层中蛋白质占 95%~97%，非蛋白质占茧层重量的 3%~5%。

一、茧层中的蛋白物质

柞蚕丝素是一种特殊的线性蛋白物质，构成茧丝的主轴，可分为结晶和非结晶两部分。柞蚕丝素主要由碳、氢、氧、氮四种元素组成，其中，碳元素占比为 46.34%~47.14%，氢元素占比为 5.84%~5.99%，氧元素占比为 28.59%~29.72%，氮元素占比为 18.10%~18.28%。柞蚕丝素分子量的数量级为 10^5。

柞蚕丝胶是一种球形蛋白物质，以无定形的颗粒状态包覆于丝素外围，保护丝素，并且在形成茧层时起着胶着茧丝的作用。柞蚕丝胶蛋白在聚丙烯酰胺凝胶电泳上可分离成 9 种成分，表明丝胶的组成较为复杂。柞蚕丝胶中碳、氢、氧、氮四种元素占比为：碳元素占比为 46.65%~46.74%，氢元素占比为 6.93%~7.12%，氧元素占比为 30.14%~30.82%，氮元素占比为 15.60%~16.00%。用凝胶层析法测得的柞蚕丝胶平均分子量在 15 万左右，且外、中、内层茧丝的丝胶含量不同，一般内层最多，外层次之，中层最少。

柞蚕丝素和丝胶都是由 18 种氨基酸缩合形成的蛋白物质。由表 2-1-9 可知，柞蚕丝素中丙氨酸、甘氨酸和丝氨酸含量较多，这三种氨基酸的含量约占整个氨基酸含量的 75%；其次是天门冬氨酸和酪氨酸。柞蚕丝素中的酸性氨基酸（天门冬氨酸和谷氨酸）的含量为 8.66%，碱性氨基酸（赖氨酸、组氨酸和精氨酸）的含量为 7.42%，具有极性侧链的氨基酸总量约为 37%，因此，柞蚕丝素的化学活性较强。

表 2-1-9　柞蚕丝素和丝胶的氨基酸含量（以克分子百分比表示）

氨基酸	丝素	丝胶
甘氨酸	26.91	12.80
丙氨酸	36.74	2.65
缬氨酸	1.31	2.09
亮氨酸	0.62	1.65
异亮氨酸	0.57	1.21
脯氨酸	—	3.20
苯丙氨酸	0.42	6.95
色氨酸	—	1.10
胱氨酸	—	1.21
蛋氨酸	—	0.88
丝氨酸	12.11	20.97
苏氨酸	0.89	14.01
酪氨酸	6.83	4.41
天门冬氨酸	6.95	12.36
谷氨酸	1.71	5.29
精氨酸	4.81	3.97
组氨酸	1.72	3.97
赖氨酸	0.89	1.21

柞蚕丝胶中丝氨酸、苏氨酸、甘氨酸和天门冬氨酸含量较多，这四种氨基酸的含量约占全部氨基酸的 60%。在组成丝胶的氨基酸中，具有非极性侧链的氨基酸总量为 28.23%，具有极性侧链的氨基酸总量为 71.77%，其中酸性氨基酸含量为 17.65%，碱性氨基酸含量为 9.15%，具有羟基侧链的氨基酸含量为 57.04%。

二、茧层中的非蛋白物质

（一）茧层中的无机物

柞蚕茧层中的非蛋白物质主要包括无机盐、油脂、蜡质以及少量的单宁、色素和糖类物质。柞蚕茧层中的无机盐，存在于茧丝之间，以草酸钙最多，是柞蚕结茧时排泄物的主要成分。另外，还有硅酸盐、尿酸的铵盐或钠盐以及铁、镁、钠等化合物。茧层中油脂、蜡质和色素的含量为 1.24%~1.34%，单宁约含 0.33%。柞蚕茧层中非蛋白质物质，有的附着在柞蚕茧丝的表面，充填茧层空隙，起固着茧层丝缕的作用，影响茧的通水性和通气性；有的存在于柞蚕丝素之中，影响茧的色泽。这些物质极大地影响了柞蚕茧的解舒处理。

柞蚕茧层中的无机物是灰分的主要成分，灰分含量中最多的为钙质，其次为硅、磷、铁等物质。柞蚕茧层灰分含量见表 2-1-10。

茧层经过浸煮后灰分产生损失，茧层灰分损失量即为柞蚕茧层中水的浸出量。不同浸煮条件下的柞蚕茧层灰分浸出量见表 2-1-11。从中可见，柞蚕茧层中的无机物大部分不溶于水。在柞蚕茧层灰分浸出物中，以钙质含量为最多，以氧化钙表示的钙质浸出物见表 2-1-12。

表 2-1-10　柞蚕茧层灰分成分含量

无机物	鲜茧茧层（%）	烘干茧茧层（%）
二氧化硅（SiO_2）	11.290	9.520
三氧化二铁（Fe_2O_3）	7.093	7.054
三氧化二铝（Al_2O_3）	0.344	0.300
二氧化锰（MnO_2）	1.053	1.053
氧化钙（CaO）	71.290	71.580
氧化镁（MgO）	3.677	4.133
氧化钾（K_2O）	0.034	0.031
氧化钠（Na_2O）	5.816	5.189
五氧化二磷（P_2O_5）	5.515	5.504
氯化物	0.043	0.043

表 2-1-11　不同浸煮条件下柞蚕茧层灰分浸出量

浸煮条件	灰分浸出量（%）
室温 24 h	0.221
煮沸 1 h	0.281
煮沸 3 h	0.315
煮沸 5 h	0.357
煮沸 10 h	0.556

表 2-1-12　灰分浸出物的钙质含量

浸煮条件	钙质含量（%）
室温 24 h	48.75
煮沸 1 h	49.00
煮沸 3 h	49.17
煮沸 5 h	51.25
煮沸 10 h	53.59

从中可见煮沸时间越长，柞蚕茧层中无机物溶解越多。在丝素尚未被破坏以前，柞蚕茧层中灰分浸出物主要是丝胶中的一些无机物。柞蚕茧层中灰分含量的多少和其中钙质浸出物的多少，直接关系到原料茧解舒的好坏和柞丝色泽的强弱。这是因为茧层所含的钙质，在解舒处理时，同解舒剂的皂类化合，生成不溶性钙皂，这种钙皂不仅减弱解舒剂的作用，同时还能固着在纤维表面，使柞蚕丝的色泽暗淡。

（二）茧层中油脂、蜡质的含量

柞蚕茧层的乙醚浸出物主要由脂肪和蜡质组成。柞蚕茧层的乙醚浸出物的测定方法如下：将柞蚕茧层剪碎，取无水茧层 3~5 g 放入油脂提取器中，以乙醚量为茧层的 100 倍，在乙醚沸腾下进行浸出；将浸出物除去乙醚至恒重，即得油脂和蜡质的含量。根据辽宁柞蚕丝绸科学研究院的测定结果，柞蚕鲜茧和干茧茧层中的乙醚浸出物分别为 1.24% 和 1.34%。

柞蚕原料茧中鲜茧蛹和干茧蛹体的含油量分别为 28.21% 和 25.73%。柞蚕茧层的乙醚浸出物中，蜡脂是指高级伯醇和高级脂肪酸所形成的脂和蜡。高级醇的分子式为 $C_{26}H_{53}OH$ 至 $C_{30}H_{61}OH$；脂肪酸大部分是 $C_{29}H_{59}COOH$，一小部分是 $C_{25}H_{51}COOH$；石蜡的分子式是 $C_{25}H_{52}$ 至 $C_{31}H_{64}$。

第二章 柞蚕茧的保管

柞蚕制丝过程中，原料成本占70%以上，故柞蚕原料茧消耗比较大，生产1 t柞蚕生丝至少需要消耗15 t柞蚕鲜茧。因此，企业需要储备一定量的柞蚕茧以保证稳定生产，同时还要保障后续生产原料的来源。以前原料的保供由茧库或外贸仓库存储，现在基本由企业自己仓储。

柞蚕制丝生产的原料，以鲜茧为最好，都是秋季的茧子或一些一化性地区每年一次放养的柞蚕茧，由于进入低温季节，所以柞蚕茧可以鲜茧存储。等第二年4月温度升高时，可以存放在冷库中，缫丝时柞蚕蛹基本都是活的，是鲜茧缫丝。每年柞蚕经过蚕农放养结茧后，通过各种贸易途径进入柞蚕缫丝生产企业，为了保证至少生产半年的柞蚕茧鲜茧存量，缫丝厂都有存放原料的库房，个别企业还建有冷库或暖房（生产加温黄茧蛹）。

第一节 柞蚕茧保管方法

一、露天保管

柞蚕茧露天保管又分地面保管（临时保存鲜茧）和茧笼保管（鲜茧与杀蛹茧）两种。

（一）露天保管方法

1. 地面保管

一般是将苇席铺放在中间稍高、两侧较低的地面上，然后将柞蚕鲜茧倒在苇席上，堆成三角形的茧堆，再将两侧的苇席翻转盖于茧堆上。

由于鲜茧量大且活蛹需要呼吸，柞蚕茧堆易发生蒸热，要经常晾晒。晾晒时，将苇席打开铺平，再将茧堆摊满席面晾晒；晾晒期间，应挑垄翻茧，使其水分充分散发；晾晒后，仍将茧堆成三角堆，覆盖苇席。

2. 茧笼保管

茧笼保管是将柞蚕茧放于笼内保存，便于通风晾晒，该法适宜保存鲜茧或杀蛹茧。

茧笼是用杂木条编成，高1.2 m，上口径0.9 m，底径0.7 m，可装茧25000～30000粒。茧笼底部用石条或垫木垫高0.2 m，使其保持通风。茧笼上方正中处以铁丝拉一横线（或用横木杆），苫盖两层苇席防止雨淋。苇席两端用麻绳或细铁丝连接于茧笼上，防止被风吹落。保管鲜茧时要用苇席苫好，根据气温高低和发热情况，在晴天倒笼通风，以免蚕茧发热而影响蚕茧质量。

（1）鲜茧（少量出蛾）保管。柞蚕鲜茧在存放过程中，总会有一小部分柞蚕茧，处于局部温度高的位置，一定时间（冬季在室温条件下，一般一个月内）就化蛾。出蛾之后的蛾口茧，就不能进行水缫缫丝了，但可以进行手工干缫缫丝。

（2）杀蛹茧保管。在自然条件下保存的柞蚕鲜茧，等第二年4月温度升高时，为防止柞蚕蛹化蛾，可以采用热烘方法，即用95℃的温度进行杀蛹处理后，再存放。杀蛹处理必须保证将蚕蛹全部杀死，然后装笼露天保管，但杀蛹茧的蛹体还含有大量水分。

（二）露天保管的不足

露天保管有很多不足，不仅占用劳动力多，劳动强度高，占地面积、备品耗量以及原料茧的损失都很大，而且对丝纤维影响也很大。

（1）紫外线对茧质的影响。太阳光中的紫外线对柞蚕茧的茧质影响很大，丝纤维中的氨基酸极易吸收紫外线。因此，柞蚕茧受紫外线长时间照射后，纤维发生脆化，解舒率降低。紫外线对茧质影响的测定结果见表2-2-1。

表2-2-1 紫外线对茧质的影响

照射时间（天）	强力降低率（%）	伸度降低率（%）
1	0	0
10	21	0.9
30	63	46
60	77	91

测定结果表明，柞蚕茧经过60天照射后，丝纤维的强力与伸度大大降低。

（2）温湿度对茧质的影响。由于受自然条件影响，温湿度随天气变化大，需要经常晾晒及遮盖。

（3）鸟、虫、鼠等对茧质的影响。鸟、虫、鼠等容易损害柞蚕茧。

二、库房保管

（一）茧厦保管

茧厦铺成水泥地面，利用围墙修盖简易茧厦，适用于冬季临时堆放鲜茧，具有自然通风，容易散发水分，省工方便等优点。同时也要经常检查、翻晾茧堆。

（二）茧窖保管

可以以半地下式茧窖存储柞蚕茧，数量大且温度易控制，如图2-2-1所示。如长17 m、宽7 m、高3 m的茧窖，可以用茧笼装茧放入，可存放100多万粒。茧笼中部的温度要比其他部位高一些，要注意翻晾。温度控制在-3～6℃，如果温度偏高，要在夜间开门通

图2-2-1 柞蚕茧利用茧窖存放

风降温。

（三）茧库保管

为了便于对柞蚕茧的存放，将柞蚕茧经过烘茧工艺（蛹已死），使其成为适干茧（柞蚕茧回潮率为 10.5%~11.5%），再放置在茧库中进行存储。适干茧存放的茧库要求干燥和密闭，尽可能少受外界温湿度及日光的影响；同时要有门窗通风换气。

茧库保管条件比茧厦要好，一般可以采用茧床装茧（如每床 2000 粒），床架要离地一定距离，以防地下湿气侵入。茧库四周墙壁、地板、天棚要防潮。为了防止鼠害及虫害，还应安装铁丝网（网眼 1.8 mm）。茧库保管要注意温湿度的变化，经常检查并通风调节。

（四）冷库保管

1. 柞蚕茧冷藏的特点

（1）冷藏有利于柞蚕茧解舒。柞蚕茧的丝胶含有的水分不稳定，随着外界温湿度变化，既可吸收水分使自身膨润，又较易失去水分。鲜茧放入冷库初期，蛹体因呼吸而排出水分。当温度下降后，蛹体呼吸减弱，排出的水分减少，使茧腔内外的水蒸气呈过饱和状态。而冷库内的鲜茧以 1 h 降低 1℃ 的温度梯度缓慢冷却，茧丝空隙间的水分开始结冻，丝胶中的水分也结冻成冰结晶体。这种冰结晶体随着温度的下降而增加，并随着时间的推移而变大。变大的冰结晶体产生膨胀压，在膨胀压的推挤之下，茧丝间的胶着点发生变化。此外，柞蚕丝胶的支链比较活泼，易与其他分子结合。在低温结冻时，支链分子不稳定的水分成冰结晶析出，并随着时间的推移不断变大，挤压支链偏向一方，与其他丝胶分子逐渐结合成大分子。这个大分子在解冻时并不失散，而是凝聚成脱水型的丝胶大分子，从而改变了分散状态，并形成多孔状态，吸湿性变小，使茧丝间的胶着力减弱，茧丝易于离解。所以冷藏茧的解舒良好，解舒率和出丝率都有明显提高。

（2）其他优点。

①可抑制微生物繁殖，防止蛹体腐败，使茧保持新鲜状态。

②原料茧直接送入冷库集中保管，可实现机械化操作。

2. 柞蚕茧冷藏工艺条件与管理

冷藏保管前应该选好茧，可将上车茧及次茧分别存放。

①冷藏工艺条件。冷藏温度为 -15℃。

②存放方式。用袋装茧存放，码成"井"字形垛，堆放 4~12 层。搁架或木箱分层存放，上下可分多层，铺茧厚度 1 m。

③冷藏管理。经常检查温度；定期抽取样茧，检查茧质变化；每次入库量为库容量的 5%。每隔两天入库一次；出库后要进行解冻处理，解冻必须均匀，否则会影响茧的解舒质量。

第二节　柞蚕茧保管注意事项

一、预防霉菌的寄生

茧子发霉是从蛹体开始的。霉菌通常由两种途径寄生在茧上：一是浮游在空气中的霉菌孢子侵入蚕的气门，在其结茧时即潜伏于蛹体内，成长后便由气门传播出来，侵入茧层而产生绿色或黄色粉末；二是空气中浮游的霉菌孢子直接附着于较湿的茧体上。

霉菌寄生的茧，在不同时期出现的症状是不同的。早期时，外表常无明显症状，一般不易察觉；中期时，茧堆中看见各种颜色的长毛茧。此时霉菌的代谢活动加剧，呼吸强度增大，产生大量的热量与水分，霉菌在茧体上繁殖。在长霉的茧体上，常可见到灰绿色、灰黄色、灰红色、灰褐色的粉末或白色的绵状物。如把茧体剥开，可看见蛹体各环节和气门上散布着菌丝。

霉菌的生长主要与空气温度和湿度有关。因此要对柞蚕茧的保管环境进行管理。

1. 茧库温湿度要求

一般柞蚕鲜茧蛹体含水率为76%，在茧库相对湿度为65%以上时，茧层的平衡水分低于蛹体，相对湿度超过65%以后，蛹体的平衡水分增加很快。蛹体的安全含水率为15%（柞蚕干茧回潮率≤13%），超过就会发生霉变。因此要使蛹体的含水率控制在15%以内，茧库的相对湿度控制在65%~70%为宜。当温度在25~35℃时，霉菌能大量繁殖，因此要严格控制温度。

2. 茧库温湿度的调节

通常茧库的温湿度管理是按照不同季节的气候变化，采用自然通风进行排湿换气的。春季可以多开楼下门窗，一般早上8~9点开，下午4~5点关为适宜；夏季以散热排湿为主，遇到库内外温度相同、库内湿度高于库外时，或库内外相对湿度相同、库内温度高于库外时开窗；秋季采取迟开早关、轮换交错开窗等方法；冬季以防干为主，库外的相对湿度达80%左右时，可以开窗1~2 h再关闭。

二、茧包堆放要合理

分庄堆放，不要混杂。堆庄形式一般有纵横式、"丁"字式、"井"字式等，应按茧质情况分别选用。通常干茧回潮率为10%~12%的安全庄口，应堆大庄，采用纵横式，以求增加茧库容量；回潮率超过12%的不安全庄口，应堆成"井"字式，以便通风散湿。堆庄时，要注意与四周墙壁留有0.5~0.6 m的距离；库内留有1.2 m的通道，便于运茧；茧包堆放高度一般以十层为宜。平时管理中要经常检查，一般抽底层、靠近边窗的茧包，眼看及手插入茧包内，发现问题，及时处理。

三、虫鼠害的预防

一般柞蚕新茧入库前，要进行喷雾消毒灭虫，进行经常性检查，防止柞蚕茧丝缕被虫鼠咬断产生虫伤茧和鼠伤茧等。

第三章　柞蚕茧的混茧与选茧

在柞蚕制丝生产过程中，需要大量的柞蚕原料茧，特别是随着缫丝机械自动化及智能化水平的提高，原料消耗更大，需要更大的养蚕基地提供保障。但因地区、蚕种、饲料、季节等不同，柞蚕茧质量也存在差异，仅靠一个地区、统一蚕种、统一饲料、同一季节的原料，进行一个生产周期的生产是无法保证的。需将一些可以混合的柞蚕原料茧混合在一起生产，因此就需要进行混茧工序；而生丝质量主要与柞蚕原料茧的好坏有直接关系，智能化水平再好的设备，没有好的原料，也生产不出质量好的生丝。所以在生产时就要把下茧选出来，好茧、次茧分开，这就需要进行选茧工序。

第一节　柞蚕茧的混茧

一、混茧的目的和要求

混茧就是将茧质接近的原料进行充分混合，扩大批量，平衡茧质，以便在一定的生产周期内（一般为一个月）确保缫丝工艺的稳定，有利于提高产品质量。尽可能将同一地区，各小批茧质接近的柞蚕原料茧进行混合，以适应缫丝生产的要求，具体要求如下。

（1）柞蚕茧形大小整齐，否则，纤度偏差增大，纤度均匀度降低。而自动缫丝机的用茧，更应注意茧形整齐，与自动添绪给茧口大小适应，避免造成多添或少添。

（2）柞蚕茧层厚薄和松紧接近一致，使解舒处理一致。

（3）柞蚕茧的色泽整齐，色泽不同的茧，解舒处理程度不同。

（4）柞蚕丝纤度差异在0.2旦以下；千粒茧重量相差不超过0.5 kg。

二、混茧的方法

混茧分人工混茧和机械混茧两种。柞蚕混茧时，对不同产区的柞蚕原料茧，应按比例、顺序取茧，以确保每次混茧均匀一致。可以通过混茧后，在茧堆左、中、右、前、后部位取千粒茧称重一致并混合均匀。需混茧量较小时，可采用人工混茧；一些大的缫丝企业（5000绪规模），混茧量大，采用混茧机械混茧。由移动混茧斗（装6万粒），在全长54 m的轨道上往复运行90～135次，将需要混合的原料茧均匀薄撒在混茧场地上进行混茧。

第二节　柞蚕茧的选茧

一、选茧的目的和要求

柞蚕选茧是柞蚕制丝工作中主要的准备工作之一，目的是合理使用柞蚕原料茧，保证生产效率，同时能缫制出质优良的生丝。因此，进厂的原料茧必须严格地进行挑选，剔除不能缫丝的茧（称下茧），区分能缫丝的茧（称上车茧）。目前，我国生产6A级生丝的原料茧，全部都是优良茧。选茧时要除尽下茧，其不仅消耗解舒药剂，还影响其他茧的质量。按选茧标准，还要剔除茧层过厚或过薄的茧、茧形过大或过小的茧以及异色茧，它们均对柞蚕煮茧质量有很大影响。

二、选茧分类标准和识别

质量优良的柞蚕茧需要具备下列条件：①茧形正常，丝量多；②茧色淡；③茧层富有弹性，缩皱较疏；④茧层厚薄一致，每粒重量在0.45 g以上；⑤封口紧密；⑥蛹体完整。

（一）选茧标准

选茧标准是在保障合理使用原料的原则下确定的。不同的柞蚕原料茧，不同的缫丝类型，均有不同的选茧标准。

1. 粗选标准

粗选指不区分柞蚕茧形大小、茧层厚薄和茧色浓淡，只选出下茧和次茧。粗选后仅分出上车茧、下茧和次茧两种。

（1）上车茧。凡能缫丝的原料茧均为上车茧。

（2）下茧和次茧。不能缫丝的原料茧，如蛾口茧、鼠伤茧、虫伤茧、黑斑茧、内斑茧、双宫茧、绵茧、各种畸形茧、天然破口茧、薄皮茧，以及严重的外斑茧、阴阳茧、枝印茧、块印茧、疙瘩茧、僵蚕茧等。

2. 半精选标准

半精选是指在除去下茧和次茧的同时，对上车茧的茧形大小、茧层厚薄和茧色浓淡进行简单的分类、分号。其标准见表2-3-1。

表 2-3-1　半精选标准

半精选	上车茧	淡色茧	一号茧	茧层较厚，茧形大
			二号茧	茧层较薄，茧形小
		浓色茧	一号茧	茧层较厚，茧形大
			二号茧	茧层较薄，茧形小
	下茧和次茧	如蛾口茧、鼠伤茧、虫伤茧、黑斑茧、内斑茧、双宫茧、绵茧、各种畸形茧、天然破口茧、薄皮茧，以及严重的外斑茧、阴阳茧、枝印茧、块印茧、疙瘩茧、僵蚕茧		

3. 精选标准

柞蚕茧精选是对柞蚕茧形大小、茧层厚薄和茧色浓淡进行精确的选分，除尽所有下茧和次茧，其标准见表2-3-2。

表2-3-2 精选标准

精选	上车茧	淡色茧	一号茧（大型茧）	茧层厚，茧形大
			二号茧（中型茧）	茧层较厚，茧形适中或茧层厚，茧形小
			三号茧（小型茧）	茧层薄，茧形小或大，茧层薄
		浓色茧	一号茧（大型茧）	茧层厚，茧形大
			二号茧（中型茧）	茧层较厚，茧形适中或茧层厚，茧形小
			三号茧（小型茧）	茧层薄，茧形小或大，茧层薄
	下茧和次茧	如蛾口茧、鼠伤茧、虫伤茧、黑斑茧、内斑茧、双宫茧、绵茧、各种畸形茧、天然破口茧、薄皮茧，以及严重的外斑茧、块印茧、疙瘩茧、僵蚕茧		

在柞蚕选茧中，应根据原料茧质的情况，具体确定选茧方法。如一批柞蚕茧的茧色比较齐一，异色茧比较少，为了保证煮茧质量，又便于选茧生产管理，精选时可以不分淡色茧和浓色茧，而采用浓色茧升级，淡色茧降级的办法。因为浓色茧比淡色茧抗煮抗药，故将较薄的浓色茧视为淡色茧厚茧，将厚的淡色茧视为浓色茧的薄茧来处理。在选茧生产中，鉴定选茧质量常用的计算式如下：

$$选前或选后千粒茧重(kg) = \frac{选前或选后各组千粒茧重之和(kg)}{组数}$$

$$上车茧百分率(\%) = \frac{上车茧粒数}{茧的总粒数} \times 100$$

$$下茧百分率(\%) = \frac{下茧粒数}{茧的总粒数} \times 100$$

$$各号茧重量百分率(\%) = \frac{各号茧的重量(kg)}{上车茧的重量(kg)} \times 100$$

$$各号茧粒数百分率(\%) = \frac{各号茧的粒数}{上车茧的总粒数} \times 100$$

（二）下茧和次茧的识别

柞蚕茧受放养技术、气候、病虫害以及茧的处理和保管等影响，使部分柞蚕茧的外观或内在质量产生缺陷，如破损、印痕、封口不良等，从而影响缫丝，甚至不能缫丝。这类有缺点的柞蚕茧，称为次茧和下茧。凡是不能缫制水缫丝有缺陷的柞蚕茧，均为下茧。次茧包括轻微的黑斑茧、内斑茧、外斑茧、阴阳茧、枝印茧、块印茧、僵蚕茧等以及薄皮茧等。目前质量好的优良茧为80%～85%，完全不能缫丝的下茧在5%左右。各种下茧和次茧的形成原因和识别方法分述如下。

1. 破损茧

（1）鼠伤茧。茧层被鼠咬破，破口的形状、大小和位置都不固定。这种茧因丝缕已被咬断，不能用作制丝原料，只可作为绢纺原料。

（2）虫伤茧。茧层有小孔或有被虫伤害的痕迹，如在保管中被鲣节虫咬伤，或蝇蛆寄生在茧体上，结茧后蝇蛆咬破茧层。这种茧的丝缕已断，不能缫丝，只可作为绢纺原料。

（3）蛾口茧。茧柄底部封口处被蚕蛾排出的尿液污染而呈淡黄色。蛾口茧的丝缕虽没有断，但其丝缕错乱，不能用作水缫丝的原料。

2. 印痕茧

（1）枝印茧。茧层表面有凹下的树枝印，有的一条，有的数条，是由于蚕结茧时与树枝接触过紧所致。这种茧数量不多，除印痕严重外，一般在选茧时都不选出。这种茧只是印痕处丝缕胶着过紧，解舒较难，但不影响制丝。

（2）块印茧。茧层表面有光滑的块状印痕（一般称为镜面茧），是由于蚕结茧时与树枝或硬物接触过紧所致。这种茧数量也不多。印痕严重的丝缕胶着大，解除差，落绪也多，不能缫丝，但印痕较轻的可以缫丝。

3. 污染茧

（1）黑斑茧。茧层上染有黑褐色或黑色的块状斑痕，也叫油烂茧，是由于蚕患脓病或微粒子病，在结茧或化蛹后病死，其腐烂汁液渗透茧层。这种茧解舒困难，色泽不好，在原料缺少时可用作低级丝的原料。

（2）内斑茧。外观上是好茧，不易辨认，但重量较轻，摇动时听不到蛹滚动的声音，也称为空瓤茧或内印茧，是由于蚕体感染病菌，蚕在结茧时或结茧后病死，其躯体腐烂，但腐烂的液汁尚未渗透茧层。这种茧对制丝的影响与黑斑茧大体相同。

（3）外斑茧。茧层表面被污染，有大小不等的黑褐色斑痕。外斑茧原为好茧，因与黑斑茧混一起而被污染，或结茧时被病蚕腐烂液汁污染。污染轻的可以与好茧一起缫丝，但污染较重的会影响丝色，需要单独缫丝。

4. 其他不良茧

（1）畸形茧。畸形茧有圆形、凹凸形、细长形、长椭圆形、弓形、歪蒂形和平底形等，是由于放养密度过大，饲料不足，蚕患病以及低温多湿气候影响而产生。这种茧解舒不良，落绪多，颣节亦多，不易做制丝原料。

（2）双宫茧。茧形很大，茧层表面凹凸不平，缩皱不规则，茧的形状不定，是由于结茧场所蚕头数过多，或温度过高，致使两条蚕结成一粒茧。这种茧因丝缕紊乱，解舒不好，多用为绢纺原料。

（3）天然破口茧。茧柄底部的茧层组织稀松，无弹力，手触即凹陷，是由于晚蚕食叶不足或遇天气骤冷所致。这种茧解舒处理时即破口，不能缫丝。

（4）阴阳茧。茧层一面厚，一面薄，是由于蚕结茧时柞叶未能附着在茧层的表面上，有叶的一面茧层厚，无叶的一面茧层薄。这种茧的解舒程度难以一致，缫丝时落绪较多。程度轻的还可以作为制丝原料。

（5）绵茧。茧层疏松如绵，手触极柔软，茧形亦不正，是由于蚕结茧时温度高湿度低，或蚕患病缺少丝胶所造成的。这种茧的茧层不坚实，若与好茧一起进行解舒处理，就成为烂茧。

（6）薄皮茧。茧层薄，且多瘪茧，是由于蚕患病、早霜或营养不足所造成的。这种茧因茧层薄，回收率低，用作制丝原料不划算。

（7）疙瘩茧。茧形不正，茧层表面缩皱特粗，是由于蚕结茧时受外界条件的影响，吐丝经常停顿所造成的。疙瘩轻微的可以缫丝，但颣节多，严重的不能缫制好丝，只能缫制低级丝。

（8）僵蚕茧。茧形与优良茧没有差别，外观上不易鉴别。但这种茧茧体轻，摇动时有声音，是患僵病的蚕在结茧时或结茧后病死，但蚕体或蛹体并不腐烂而硬化干固，因此又叫干固茧。这种茧经常单独解舒处理后，可以作为制丝原料，但破口茧较多。

三、选茧设备

（1）选茧板。选茧板是选茧生产中最简单的设备。木质平板为长方形，离地约为0.8 m，宽约2 m，长度决定于选茧工的数量。在选茧板靠选茧工一侧边缘处，装有竹篾或粗铁丝制的茧筛，用以筛掉混在原料茧的枝叶和杂物。

（2）选茧机。柞蚕选茧机与桑蚕选茧机相类似，但是因柞蚕灰尘杂质较多，要配套筛茧机、风道、贮尘室等。选茧机的两侧各设有选茧台面，其数量取决于制丝生产工厂的规模。由于一般柞蚕缫丝企业小，一般就用选茧板选茧了。

（3）筛茧机。筛茧机有滚筒式和平面式两种。可以把柞蚕茧分出特大型、大型、中型、小型四种蚕茧。采用柞蚕自动缫丝机生产时，茧子分型是一个重要环节。

四、选茧工艺管理

选茧工艺是缫丝工艺设计的一部分，根据"按质定类、按需分形"的原则，合理使用原料茧。在一批茧投产前，必须对选茧工人详细介绍该批原料茧的性质和特点，明确要求，在生产中严格执行工艺，确保选茧质量。在寒冷季节，原料茧必须经过暖茧后再选茧，以提高选茧质量。柞蚕选茧工艺管理的主要内容如下。

1. 检查混茧的均匀程度

混茧的质量经检查合格后方准投产，原料茧不允许有蒸热变质现象。

2. 标样

在每批茧的工艺下达的同时，做好各号茧和各类下茧的样品。选茧工人先熟悉标样，而后试选，使选茧工作达到选茧工艺和标样的要求。

3. 标准模重

柞蚕茧制丝厂在计算各项成绩时，均以茧粒为基数，因此在选茧时需做好重量折合茧粒数的工作，测定好模重即千粒茧重量。在生产实践中，一般工厂每天测定模重2次，一次在上午9时，另一次在14时。茧过秤装袋后均按此标准模重折合每袋粒数。模重测定方法如下：从具有代表性的样茧中，分别称得模重4个以上，其平均值即为该段时间的标准模重。模重准确与否，关系到缫丝回收率的高低和生产成本。模重有较大变化时，应查清原因，及时解决。

4. 选茧质量检查

选茧质量标准是根据选茧工艺要求和原料茧质情况制定，目前工厂对选茧质量的要求是：上车茧中混入下茧和次茧，其误选率不超过 1%；下茧和次茧中漏入上车茧，其漏选率不超过 1%。

选茧质量分为合格与不合格两类。误选率和漏选率超过 1% 者应该进行复选，直至合格为止。一般设专职检查员检查，如发现问题，就及时通知选茧工人，并督促提高选茧质量。

第四章　解舒剂与制丝用水

柞蚕茧经混茧、选茧后，再进行解舒处理。解舒工艺是柞蚕缫丝生产的一个重要环节，根据使用设备，可以采用先煮茧、后加药剂解舒处理；也可以煮茧和药剂解舒在同一套设备进行，现在多采用后者。

第一节　解舒剂

一、解舒剂的性能要求

为使柞蚕茧解舒良好，在解舒过程中需要使用碱性物质、过氧化物、表面活性剂等多种化学药品，这些化学药品通称为解舒剂。解舒处理时，应合理选择解舒剂的种类和用量，否则易造成解舒不良、药品浪费、原料损伤等情况。因此，解舒剂应具备以下性能：①对丝胶具有膨润软化和溶解的性能；②对丝胶溶解具有抑制和调解的性能；③具有渗透、洗涤、扩散和乳化的性能；④具有除去茧层中的无机物和有机杂质的性能；⑤具有氧化性能；⑥对过氧化氢的分解有抑制和调节作用的性能；⑦对茧丝损伤较小，不影响茧丝的理化性能。

除以上各点外，还应考虑其性质的稳定性，便于运输和保管。应以过氧化氢和碱性物质为主，表面活性剂为辅，以减少柞蚕丝胶的溶失，达到解舒良好的目的。实践表明，过氧化氢在碱性溶液中能更好地发挥作用，氧化茧层中的部分有机物和无机物，可除去柞蚕茧层中的杂质提高柞蚕缫丝的效率、质量和回收率。同时为了保护丝胶和丝素，解舒剂以弱碱性物质最为理想。

二、解舒剂的性质和作用

（一）纯碱

纯碱是解舒剂的一种，纯碱学名碳酸钠，分子式 Na_2CO_3，分子量为 106。无水纯碱为白色粉末或细粒，含有少量氯化物、硫酸盐和碳酸氢钠等杂质，一般纯度为 95%。

1. 性质

纯碱易溶于水，水溶液呈碱性，并有滑腻感觉。纯碱的吸湿性很强易结块。纯碱和水起可逆反应，生成氢氧化钠和碳酸氢钠：

$$Na_2CO_3 + H_2O \rightleftharpoons NaOH + NaHCO_3$$

纯碱如与水中的钙、镁盐类相遇，能生成碳酸钙、碳酸镁等沉淀物，因此可以用作软水剂。纯碱与酸类反应能生成盐和水，并放出二氧化碳。

$$Na_2CO_3+H_2SO_4 \longrightarrow Na_2SO_4+H_2O+CO_2 \uparrow$$

纯碱不能与油脂、蜡质起皂化作用，但具有较强的乳化能力，在一般情况下，能使茧层中的油脂、蜡质呈乳化状态溶于溶液中，为柞蚕解舒创造条件。

2. 在解舒处理中的作用

纯碱是柞蚕水缫漂茧的主要解舒剂。解舒时使用纯碱，能使茧层丝胶膨润软化，减弱茧丝之间的胶着力。柞蚕丝胶溶失量较小，纤维损伤较轻，是目前水缫漂茧的主要解舒剂。碳酸钠分解出的氢氧化钠能与茧层中的一些无机物反应而脱落，有助于茧丝的离解。

（二）硅酸钠

硅酸钠也是解舒剂的一种，硅酸钠俗称泡花碱、水玻璃，分子式为 Na_2SiO_3，分子量为 122.0 g，是硅酸的一种钠盐，在丝绸工业中用作解舒剂、漂练剂。

1. 性质

硅酸钠是硅酸的盐类，由不同比例的氧化钠（Na_2O）和二氧化硅（SiO_2）结合而成，其性质随成品含有氧化钠和二氧化硅的比例不同而不同。二氧化硅的比例越大，碱性程度越强。商品硅酸钠有两种形状：一种是无色、青绿色或棕色的黏稠状液体；另一种是块状固体，目前使用较多的是液体硅酸钠。硅酸钠易溶于水，水解产物为氢氧化钠和硅酸：

$$Na_2SiO_3+2H_2O \longrightarrow 2NaOH+H_2SiO_3$$

因此，硅酸钠的水溶液呈碱性。

2. 在解舒处理中的作用

硅酸钠有洗涤去污作用，又能膨润软化丝胶，起一定解舒作用，因此是柞蚕缫丝的重要助剂。此外，硅酸钠溶液有调整溶液 pH 的作用，抑制过氧化氢在碱性溶液中的急剧分解，充分发挥有效氧的解舒漂白作用。碱性物质促使过氧化氢分解强弱的顺序：

$$K_2CO_3>Na_2CO_3>NaOH=KOH=N（CH_3）_4OH>NH_4OH>Na_2B_4O_7>Na_4P_2O_7>Na_2SiO_3$$

使用硅酸钠时要考虑商品规格。

（三）硼砂

硼砂也是解舒剂的一种，硼砂的学名为硼酸钠或四硼酸钠，又名焦性硼酸钠，常见的硼砂含有 10 个分子结晶水，称为柱状硼砂，分子式 $Na_2B_4O_7 \cdot 10H_2O$，分子量为 381.37。它可以从硼砂矿石直接制取，也可以用氢氧化钠溶液加热分解硼镁矿粉制得。

1. 性质

纯粹的硼砂为无色半透明的结晶或白色结晶性粉末，无臭，比重为 1.73，工业用硼砂的成分一般在 98% 以上。硼砂稍溶于冷水，易溶于热水，1 g 硼砂能溶于 1 mL 沸水，且水溶液呈碱性。硼砂属于硼酸盐，常温作用下与酸反应生成硼酸：

$$Na_2B_4O_7+H_2SO_4+5H_2O \longrightarrow Na_2SO_4+4H_3BO_3$$

2. 在解舒处理中的作用

硼砂溶解于水后能分解出氢氧化钠，因此水溶液呈碱性，在解舒过程中有洗涤除污的作用；硼砂还能分解成硼酸，稳定漂液 pH，抑制过氧化氢的分解速度，在煮漂茧时对克服外层烂、内层滑皮，减少外层绪丝量均有明显的作用。

（四）过氧化氢

过氧化氢也是解舒剂的一种，俗名双氧水，分子式 H_2O_2，分子量为 34.02。过氧化氢水溶液浓度，一般以所含过氧化氢的百分重量计算。缫丝工业一般用含量为 30% 的过氧化氢的水溶液，其有效氧含量为 14.12%，是由硫酸作用于过氧化钡，或通过电解氧化硫酸成过硫酸，再经水解而制得。

1. 性质

纯过氧化氢是无色的油状液体，比重为 1.438，熔点 -89℃，沸点为 151.4℃，能与水、乙醇、乙醚以任何比例混合，接触皮肤会烧起水泡，在普通压力下受热会分解成水和氧气。

过氧化氢水溶液，带有酸性及辣味，对石蕊试纸呈弱酸性反应，这种酸性是由于加入少量磷酸或硫酸稳定剂所致。催化剂对过氧化氢有很大的促进作用，如重金属的铜、铁及灰尘等物质是过氧化氢的有效催化剂。因此，过氧化氢不能贮存在这些容器中，还要防止灰尘进入。

过氧化氢分子中含有游离结合的氧原子，氧化能力很强，在碱性溶液里属强碱氧化剂，能氧化各种有机物和各种色素。过氧化氢分解是剧烈的放热反应。1 g 分子过氧化氢分解时，可放出 23.5 kcal 的热量，所以过氧化氢对热的稳定性差。

2. 在解舒处理中的作用

过氧化氢在漂茧时的作用主要是解舒，其次是漂白。过氧化氢能氧化茧层中的有机色素，使与色素结合的盐类脱落，从而减弱了柞蚕茧丝之间的胶着力，达到既解舒又漂白的目的。过氧化氢的解舒作用，只有在碱性溶液里才能产生。在解舒过程中，过氧化氢的分解速度，取决于过氧化氢的浓度、温度和 pH，特别是 pH 大、温度高时，分解速度显著加快。

3. 贮存使用注意事项

（1）过氧化氢不能用铜铁容器贮存，因为铜铁对过氧化氢有催化作用。

（2）碱性物质和灰尘对过氧化氢有催化作用，须严格防止接触，以免过氧化氢不稳定而放出氧气。

（3）过氧化氢在生产使用时，以容量法计算为好。

（4）过氧化氢在运输与保管时要注意温度和震动，温度过高和震动过大，会促使过氧化氢加速分解，严重时还能引起爆炸。

（五）表面活性剂

表面活性剂又称界面活性剂，能显著降低液体的表面张力或液体与固体二相间的界面张力。表面活性剂溶于水后，即使很低的浓度，也能在异相界面处进行界面吸附，把空气和固体的接触面被液体和固体接触面代替，为液滴在固体表面迅速展开创造条件。它具有润湿、渗透、分散、净洗、均染、缓染、柔软、固色、抗静电等作用。

表面活性剂按化学结构可分三类：阴离子表面活性剂、阳离子表面活性剂、非离子表面活性剂。在解舒处理中用作渗透剂的表面活性剂，大都为阴离子表面活性剂，必须具备下列条件：①具有优良的渗透、扩散、乳化和洗涤的能力；②能抗硬水；③在碱性溶液和在高温下稳定；④在过氧化物溶液中不分解；⑤不影响柞蚕丝的手感。常用的阴离子表面活性剂有肥皂、红油等。

1. 肥皂

肥皂是高级脂肪酸金属盐的总称，分水溶性与不溶性两类。水溶性肥皂是高级脂肪酸的钠盐或钾盐，分子式为 R—COONa（R 为 14~18 个碳原子的烷烃或烯烃），具有良好的洗涤、润湿、乳化作用，是由脂肪酸与烧碱或氢氧化钾经皂化而得。

（1）性质。肥皂在常温下是油腻固体，能在水中溶解、离解，呈现阴离子状态，显示表面活性，一部分则水解析出碱，另一部分水解析出脂肪酸：

$$C_{17}H_{35}COONa+H_2O \Longleftrightarrow C_{17}H_{35}COOH+NaOH$$

肥皂水解时生成的脂肪酸分子与未经水解的肥皂分子相互结合在一起，生成酸式盐，形成胶体溶液。这种胶体质点被吸附在灰尘微粒的表面，同时又构成脂肪粒点的薄膜，使乳化状态更加稳定。肥皂的缺点是：不耐硬水，遇硬水会生成钙皂、镁皂而沉淀；不耐酸，遇酸则析出脂肪酸失去洗涤作用。因此，肥皂的应用受到限制。

（2）在解舒处理中的作用。肥皂应用于漂茧解舒，可收到良好的效果。但随着新型活性剂的出现，目前在生产中已不使用。

2. 红油

红油又称太古油，是 18 烃基不饱和脂肪酸钠盐的硫酸酯，分子式为：

$$CH_3(CH_2)_5CH—CH_2—CH = CH—(CH_2)_7COONa$$
$$|$$
$$OSO_3Na$$

红油是由蓖麻油与硫酸作用，再经中和而得，也可用其他植物油代替蓖麻油制取，但其质量不如蓖麻油。

（1）性质。红油是微黄色至深棕色液体，水解后主体带有负电荷，溶于水后，可使溶液的表面张力大幅度下降，显示出表面活性，从而增加溶液的润湿、渗透作用。红油的质量，通常是以含油脂率表示，油脂率越高，质量越好。工业用的红油，油脂含量一般在50%~70%。

（2）在解舒处理中的作用。红油能降低漂液的表面张力，增强润湿和渗透性，使漂液尽快渗入茧腔内部，达到蚕茧吸药均衡，满足解舒的要求。尽管红油在漂茧中不起化学反应，但起了很好的助解作用。

第二节　制丝用水

在制丝工业中除锅炉用水外，柞蚕煮茧解舒、缫丝、复摇都要消耗大量水。水中所含物质种类和数量，对生产工艺、产品质量和原料茧、解舒药剂的消耗都有直接影响。所以制丝工业对水质一直很重视。在日常生产中对用水要进行检查分析和处理，确保水质符合生产要求。

一、水的杂质种类和特征

（一）杂质分类

天然水分为地面水和地下水。地面水有江水、河水和湖水；地下水有井水、泉水和温泉水。目前制丝厂用水，可用自来水（水源是天然水）、井水、温泉水以及经适当处理的工厂附近的天然水源。水中含有不同程度的杂质，按其颗粒大小可分为悬浮杂质、胶体杂质和溶解杂质三类。

1. 悬浮杂质

悬浮杂质通常呈较大颗粒悬浮在水中，颗粒直径大于 100 nm。这类杂质主要是各种细泥沙、煤烟、尘埃和少量的有机体，使水浑浊。

2. 胶体杂质

胶体杂质呈较小的微粒状态，颗粒直径为 1～100 nm，有的是许多分子的集合体，有的是高聚物的大分子。胶体杂质带有相同的电荷，互相排斥，因此不会自行沉淀。这类杂质主要是铁、铝的化合物和若干有机物。它们能通过滤纸，故不能用过滤的方法除去。但水被加热后，胶体杂质可沉淀。

3. 溶解杂质

溶解在水中的杂质，颗粒直径小于 1 nm，其中有以分子状态存在，有以离子状态存在（如盐类）。溶解于水中的气体有 O_2、CO_2、N_2 等，部分腐殖质也以溶解状态存在于水中。水中最常见的无机盐中阳离子有 Ca^{2+}、Mg^{2+}、K^+、Na^+、Fe^{2+}，阴离子有 HCO_3^-、CO_3^{2-}、Cl^-、SO_4^{2-} 等。这些物质在水中极为稳定，一般要经化学方法处理才能除去。溶于水中的气体，可用曝晒或加热的方法除去一部分。

（二）各种水中的杂质种类

1. 江水、河水

江水、河水通常含有较多的悬浮杂质，透明度差，溶解杂质比地下水少，水量和杂质成分随季节不同而发生变化。

2. 湖水

湖水的流动性较小，悬浮杂质易沉淀，往往比江水、河水清。

3. 地下水

地下水含溶解杂质较多，由于土壤有过滤作用，故悬浮杂质少，透明度好，季节性变化小，水质较稳定。

二、水中杂质对制丝生产的影响

水中杂质对柞蚕茧制丝的生产工艺和产品质量有一定的影响，影响程度大小不一，随所含杂质的种类、性质和含量而异。一般来说，阳离子中的钙、镁、锰、铁等对制丝生产的影响较大，阴离子的影响较小。

1. 透明度对制丝生产的影响

杂质含量越多，水的透明度越差。透明度差的水，对柞蚕茧制丝生产工艺和产品质量均有影响。水中的悬浮杂质和胶体杂质极易被茧层和茧丝吸收，造成解舒不良和丝色不好。悬浮物中的有机物和胶体杂质中的低价盐，在解舒过程中要消耗有效氧，增加解舒剂的用量。

2. 硬度对制丝生产的影响

水中的钙、镁等离子的含量大，导致水的硬度大。这些物质对柞蚕丝的产品质量影响较大，尤其是钙的含量越多，影响越大。因为钙离子被茧丝吸收后，使丝条手感粗糙，色泽灰暗，抱合不良。

3. 重金属离子对制丝生产的影响

在天然水中常见的重金属离子是铁和锰，其中铁离子较多，其他金属离子含量不高。茧丝极易吸收水中带正电荷的金属离子，既影响解舒，又影响丝色。例如，丝条吸收铁离子后丝色呈黄褐色，吸收锰离子后丝色发黑。所以制丝用水要特别严格控制铁、锰离子的含量。

4. 有机物对制丝生产的影响

水中的有机物，在解舒时要消耗有效氧；在缫丝、复摇过程中又被丝条吸附，影响丝的色泽。水中的有机物是微生物和藻类繁殖的良好条件，在缫丝车间和复摇车间的温度条件下，微生物和藻类的繁殖更快。特别在夏季更应该做好清洁工作，未干的小筬丝片过夜、或小筬丝片浸水后未复摇过夜，都会因霉菌的繁殖造成丝色发黄，光泽不良。

三、水质处理

水质如不符合制丝生产要求，必须进行处理。一般通过净化和软化两个过程。净化是除去水中的悬浮杂质和胶体杂质；软化是除去水中的硬度物质，如 Ca^{2+}、Mg^{2+} 等。天然水一般是先经净化，再进行软化，以供锅炉、空调及需要低硬度水的工段使用。

目前较多采用离子交换树脂软化法。从实际生产情况来看，对柞蚕丝产品质量影响较大的是水的硬度，即 Fe^{2+}、Ca^{2+}、Mg^{2+} 等阳离子对柞蚕丝的色泽、手感、抱合性和强伸度的影响较大。目前采用的阳离子钠型交换树脂软化水为最好。

第五章　柞蚕茧的煮漂茧和剥茧

课件

柞蚕茧因无机物及单宁等影响，不能如桑蚕茧一样通过煮茧直接完成解舒处理，而需要添加解舒剂帮助柞蚕茧丝顺次离解，因此柞蚕茧的煮漂茧有其特殊性。但在河南地区一化性的柞蚕茧，可直接通过煮茧完成解舒处理，这与河南地区温度高，柞蚕的生物机能与其相适应有关。

第一节　煮漂茧概述

一、者漂茧的作用和要求

（一）煮茧

柞蚕茧煮茧的作用主要是使茧层中的丝胶膨润软化，使茧层中部分无机物、色素脱落和溶解，为漂茧提供有利条件，煮茧的要求如下。

（1）使茧层中的丝胶充分膨润和软化，但尽量减少丝胶的溶失。

（2）茧层中的无机物、色素和其他杂质，溶解和脱落得越多越好。

（3）煮茧时要避免损伤丝素。

（4）煮熟程度适当，茧粒之间和一粒茧的内外层各部分之间均匀一致，封口完整。

（5）茧层渗润和茧腔吸水率在茧粒之间应一致，吸水量要适当，以免影响吸收药剂和茧的沉浮效果。

（二）漂茧

柞蚕茧漂茧的主要作用是除去茧层中油质、蜡质、单宁、色素和无机物，使丝胶进一步膨润软化并部分溶解，以减弱丝缕间的胶着力，促使茧丝顺次离解，缫丝顺利。漂茧的要求如下。

（1）桶与桶之间和一桶内各粒茧之间，解舒程度均匀一致，色泽均一，漂白程度适当。

（2）在解除茧丝间胶着力的同时，尽量保护丝胶，防止过多溶失，避免损伤丝素。

（3）漂成茧新茧有绪率要符合要求，外层绪丝不宜过大，以免影响剥茧和缫丝回收率。

（4）茧腔药剂吸收量一致，药液浓度适当。

（5）防止产生废品茧（硬茧、烂茧、破口茧和其他废茧）。

（6）节约解舒剂用量，降低生产成本。

二、煮漂茧对柞蚕丝生产的影响

煮漂茧的质量，尤其是漂茧的质量，直接影响柞蚕丝质量、生产效率和回收率。

（一）煮漂茧质量对柞蚕丝质量的影响

1. 对柞蚕丝纤度和匀度的影响

在柞蚕煮漂茧过程中，若煮漂工艺执行不严格、操作不符合要求、茧的渗透不良、吸水吸药不均匀，致使漂成茧硬烂不匀或外烂内硬，则缫丝时落绪、上额、滑皮茧多，解舒丝长短，会增加索理绪动作和添绪次数，使操作忙乱。而添绪不及时会导致落细时间延长，定粒配茧难度增加，柞蚕丝纤度偏差大，匀度降低。柞蚕漂茧时若吸药量过多，缫丝产生沉缫茧，定粒配茧准度降低，影响柞蚕茧丝纤度和匀度质量。

2. 对柞蚕丝抱合性和强伸力的影响

在柞蚕煮漂茧过程中，解舒剂过量或温度过高、时间过长，都会使丝胶溶失过多，造成柞蚕丝强伸力降低，丝胶黏合性能减弱，抱合不良。

3. 对柞蚕丝色泽的影响

在柞蚕煮漂茧过程中，解舒剂的用量、温度、时间和操作方法等不同，会造成漂成茧的漂熟程度不一致，漂白程度不均匀，丝片间色差增大，易产生花缕和夹花丝。解舒剂选择不当或者水质不良，以及煮漂设备防腐不善因而与解舒剂起作用，使漂液中金属离子增加等，均会使柞蚕丝色灰暗，手感粗糙。

4. 对柞蚕丝额节的影响

在柞蚕煮茧过程中，茧层渗润不均、渗透不良，在漂解过程中，漂液过浓，温度过高，造成漂成茧外烂内硬，封口不良，会使缫丝时上额多，丝条额节增多。如漂后茧过硬，茧层丝胶未充分膨润软化，因离解张力增大，有些丝缕未经伸开就被卷取，使额节增多。

（二）煮漂茧质量对缫丝效率的影响

煮漂茧质量直接影响柞蚕缫丝的生产效率。如漂茧解舒程度不足，则缫丝时落绪多，解舒丝长短，添绪次数增加，索理绪等辅助操作时间增多；如解舒程度过度，则茧层容易崩溃，额节增多，除额时间增加，停篓率高。因此解舒不当，就不能发挥柞蚕原料茧的性能和机器效能，直接影响生产效率。

（三）煮漂茧质量对回收率的影响

回收率与柞蚕煮漂茧质量和缫丝操作都有关系。为了提高回收率，必须使落绪少，上额少，茧层外层绪丝少，内层解舒适当。如外层解舒不良，增加索理绪的次数，使二挽手量增加，而且外层绪丝也大，大挽手量也增加。如内层解舒不良，则蛹衬厚，屑丝增多，回收率降低。柞蚕煮漂茧质量不良对回收率的影响，大于缫丝操作不当带来的影响，所以柞蚕煮漂茧是制丝生产的关键。

第二节　煮漂茧原理

一、柞蚕茧的渗透

（一）渗透的作用

渗透是煮漂茧处理中的关键，渗透的好坏直接关系到柞蚕煮漂茧的质量。煮茧时的渗透，是使水通过柞蚕茧层渗透到茧腔内，将茧层充分湿润，使水和热均匀地作用于茧层的每个部位，促使丝胶膨润软化，改善毛细管，同时使存在于茧丝纤维间隙中的一些无机物脱落，以改善渗药性能。漂茧时的渗透，是使药液均匀地渗入茧层，发生化学反应，以达到漂解适当的目的。未经煮茧渗透的茧，渗药性能较差。

在渗透过程中，茧腔吸水和茧层渗透是同时进行的。渗透的主要要求是使茧层各部位的含水程度一致，茧腔的吸水率一致，渗药均匀。由于茧层的厚薄不同，通气性、通水性有差异，茧的封口严密程度不一，要达到渗透完全一致是有困难的。

（二）渗透的方法

渗透的方法分自然渗透、压力渗透、温差渗透等三种，目前采用的渗透方法主要是压力渗透和温差渗透。渗透的过程一般为：渗水→吐水→渗药。其原理是使柞蚕茧腔内外造成压力差，溶液便从压力高处向压力低处渗透，从浓处向稀处扩散。

1. 自然渗透

自然渗透是利用柞蚕茧丝间空隙和毛细管现象，借助水分子自由运动，使水渗入茧层，达到渗透的目的。自然渗透法有浸水法、浸汤法和喷雾法三种。柞蚕茧干缫采用的热泡法和冷泡法，就属于自然渗透法，能适应柞蚕茧渗透困难、煮茧时渗透不足的特点，但需要的时间较长。

2. 压力渗透

压力渗透是利用柞蚕茧层内外压力的变化，使茧腔吸水或吐水的方法。压力渗透分加压渗透和减压渗透两种。

（1）加压渗透。加压渗透法是将柞蚕茧放在密闭的茧桶内，然后增大压力，把水压入桶内，使水进入茧腔，达到充分渗透。可以利用水蒸气的压力，把热水压入容器内，使茧腔吸水。

（2）减压渗透。减压渗透法是将柞蚕茧放在密闭的茧桶内，降低桶内的压力，然后加水，使水通过茧层进入茧腔内，以达到充分渗透。其中，真空渗透工艺，就是利用真空泵排出容器内的空气，使桶内压力降低，达到茧层渗润和茧腔吸水的目的，茧腔可以反复吸水和吐水。

3. 温差渗透

温差渗透是利用温度的变化，使柞蚕茧腔内外产生不同的压力，使水或汤渗透入柞蚕茧腔，达到茧层充分渗透的目的，分热汤渗透和蒸汽渗透两种。

（1）热汤渗透。热汤渗透法是将柞蚕茧放在茧容器内，浸于高温汤中，茧腔内的空气受热后体积膨胀，把大部分的空气排出茧外，和水蒸气置换；然后很快地将茧移入低温汤中，由于温度骤变，茧腔内的水蒸气和残留的空气体积突然收缩，压力降低，形成茧腔内外的压力差，促使低温汤渗入茧腔内达到渗透目的。

（2）蒸汽渗透。蒸汽渗透法是使柞蚕茧先接触高温水蒸气，然后迅速移入低温汤中，因温度的降低，茧腔内外产生压力差，低温汤就进入茧腔内，达到渗透目的。

二、茧体物质的溶解

柞蚕茧在解舒处理过程中，煮茧时受到水和热的作用，漂茧时受到解舒药剂的作用，使柞蚕茧体的成分发生了变化。柞蚕煮茧过程中，茧层溶解的物质主要是丝胶、无机物和灰分等，蛹体的溶解物质有蛋白、脂肪、酒精可溶物、糖原和灰分等。由于煮茧汤中存在着茧层和蛹体溶解出的物质，因此蛹体的成分在煮茧时会减少，而茧层的各种成分在煮茧时却互有增减，减少的是丝胶、无机物和灰分，增加的是脂肪、蜡质，这些增加的物质被茧丝所吸收。在不同煮茧工艺条件下，柞蚕茧层物质溶解量的测定结果见表2-5-1。

表2-5-1　茧层物质溶解量测定结果（%）

煮茧工艺	茧层物质			
	固形物	灰分	钙	总氮
95℃，10 min	1.731	0.407	0.0165	0.026
100℃，10 min	2.078	0.462	0.0192	0.029

柞蚕茧层在常温下浸泡，茧层的溶解量是极少的，随着时间和温度的增加，其溶解量也逐渐增加。蛹体的油脂浸出量，用煮后的茧层做乙醚浸出物试验，结果为：温度90℃，浸煮10 min，浸出量为2.5%；温度90℃，浸煮20 min，浸出量为2.9%；温度100℃，浸煮10 min，浸出量为2.7%（这里厚茧层的油脂含量为2.4%）。从测定数据看出，蛹体油脂随着煮茧时间的延长、温度的升高，其浸出量也增加。

漂茧时茧体会进一步受到碱性药剂和氧化剂的作用，茧层和蛹体中的丝胶、无机物、蜡质、脂肪、色素和单宁等物质，受到膨润、软化以及断裂和氧化破坏，被较多地溶解于漂液中。当达到解舒时，总氮溶解量在300~330 mg/L，钙的溶解量在30~37 mg/L。

三、丝胶在漂解过程中的变化

组成柞蚕丝胶的各种氨基酸，以肽键的形式结合成为多肽链，再经过其他的结合键，将并行肽链上的侧链相互结合，成为分子量巨大、结构复杂的丝胶蛋白质。柞蚕丝胶蛋白质多肽长链在盘曲时，非活性的疏水基转向螺旋内部，而活性的亲水基则分布在螺旋表面，这样就使丝胶易溶于水。用光对丝胶折射的研究证实，柞蚕丝胶是由大部分排列不整齐的非结晶性丝胶球蛋白和一小部分排列整齐的定向结晶性丝胶细纤维所组成。由于无定形的部分多，所以柞蚕丝胶比丝素易于溶解。

在柞蚕茧的丝胶中，丝胶蛋白与无机物结合、丝胶蛋白与单宁物质结合，使丝胶极不易溶于水，造成柞蚕茧解舒困难。

1. 丝胶的水化作用

由于柞蚕丝胶蛋白质微粒具有较大的表面积，表面的分子能够吸收其他分子，如水分子，且表面积越大，吸附的能力越大。丝胶蛋白质微粒的周围能结合很多水分子，形成水化层，即发生水化作用。蛋白质的许多性质，在很大程度是由于受侧链的影响而产生的，而柞蚕丝胶蛋白质的侧链含有亲水基团（即极性基团，如—COOH、—OH、—NH$_2$），能使丝胶起水化作用而易溶于水。

柞蚕丝胶水化作用的强弱，即结合水的多少，一般随溶液的 pH、丝胶粒子的大小、温度的高低等不同而有所不同。解舒好的茧，结合水有增多的倾向。柞蚕茧因含有单宁物质，使丝胶的水化作用受到影响，从而影响茧的解舒。

2. 丝胶的膨润和溶解

丝胶的膨润是由于柞蚕丝胶蛋白质的侧链含有亲水基团，丝胶微粒就自动吸收水而膨胀使体积增大。丝胶膨润时吸收的液体量，受溶剂性质、温度、溶液的氢离子浓度和电解质等因素的影响。在制丝生产中，柞蚕茧因受水、热和解舒剂的作用，丝胶微粒因水化作用而吸收了大量液体，使丝胶膨化。随着漂液温度的升高和 pH 的增大，加剧丝胶微粒的热运动，使其体积增大，粒子与粒子间隔也增大，破坏了有限膨润，以致粒子互相脱离，逐渐向溶液中分散而溶解。由于柞蚕丝胶的膨润和适当的溶解，茧丝间的胶着抵抗力减弱，就使柞蚕茧达到适漂。

四、解舒剂在漂解过程中的作用和变化

（一）解舒剂在漂解过程中的作用

当柞蚕丝胶的膨润超过限度时，粒子与粒子互相脱离，丝胶大分子链桥断裂，丝胶即进入溶液而溶解。柞蚕茧丝对碱的抵抗很弱，低浓度的强碱，不但能溶解茧丝外层的丝胶，也能侵蚀丝素；弱碱溶液只能溶解柞蚕丝胶，不能侵蚀丝素，故柞蚕茧解舒处理采用弱碱性药剂。

辽宁省柞蚕丝绸科学研究院对现行解舒药剂的作用进行了分析研究，认为碱性药物对丝胶有物理化学和化学两种作用，以化学作用为主。

1. 物理化学作用

除水对丝胶的物理膨润作用外，水中存在的过量 OH$^-$ 及 Na$^+$ 离子，在柞蚕丝胶内外构成膜平衡条件。水化的 OH$^-$ 及 Na$^+$ 离子受丝胶蛋白不同离子的电作用，在膜的两侧做有规则的排列，加大了膨润作用，扩大了丝胶内部的间隙，有利于柞蚕丝胶的溶解。

2. 化学作用

一种情况是在碱性介质中 OH$^-$ 离子过剩，容易使氢键断开；另一种情况是肽键断开（不是一切肽键都断开）以及酰胺基从侧链羧基处以氨的形态分离。

在柞蚕茧的丝胶中，无机物、单宁与丝胶结合在一起，所以解舒处理时除使用碱性药剂外，还必须使用氧化剂，才能达到解舒要求。三种不同工艺进行对比试验，结果见表2-5-2。

表2-5-2　不同工艺的对比试验

项目		试验工艺		
		1	2	3
漂液浓度	［O］（%）	0	0.11	0.26
	［Na_2O］（%）	0.72	0.35	0
Na_2CO_3（g）		23	11.7	0
Na_2SiO_3（g）		23.5	11.7	0
$Na_2B_4O_7$（g）		5	4	4
H_2O_2（g）		0	13.3	26
漂茧总时间（min）		210	60	180

（1）工艺1的漂液中只含碱而没有过氧化氢，随漂茧总时间延长到3.5 h，柞蚕茧丝仍不离解，并开始产生破口茧，达不到水缫茧解舒要求。

（2）工艺3的漂液中不含碱，而只有过氧化氢及少量硼砂，pH调节到9，在弱碱性溶液中过氧化氢缓慢分解，起解除作用，经过3 h，部分茧开始达到解舒要求。

（3）工艺2为一般采用的生产工艺，漂液中含有一定量的碱和氧，解舒效果最好。

试验表明，过氧化氢对茧解舒起重要的氧化剂作用，能使柞蚕茧在弱碱溶液中解舒，否则即使是强碱溶液也难达到解舒要求。

柞蚕茧层中的丝胶与无机物、单宁结合在一起，只有先用氧化破坏其结合，丝胶才能在碱性溶液的作用下膨润溶解。生产实践也证明，含碱量和含氧量不同的解舒工艺，对柞蚕茧的解舒程度差别很大，缫丝的效果也不同。因此，只有根据柞蚕茧质不同，选择合理的工艺，才能使茧达到适漂。

（二）解舒剂在漂解过程中的变化

解舒剂的变化是以漂液的总碱量和有效氧的变化来表示的。在漂解过程中，药剂的分解、反应、渗透和损耗在不断地变化，因此茧腔内外漂液的浓度也随之不断发生变化。将柞蚕茧经过煮茧机煮茧后，再加入密闭漂茧桶进行单桶试验，测得漂液的总碱量、有效氧的变化，结果见表2-5-3和表2-5-4。

表2-5-3　漂液的总碱量、有效氧的变化（%）（鲜茧）

项目		漂前	起漂	间隔时间（min）			
				15	30	45	60
漂桶内	［O］	0.13	0.115	0.072	0.051	0.036	0.031
	［Na_2O］	0.333	0.308	0.287	0.273	0.259	0.259

续表

项目		漂前	起漂	间隔时间（min）			
				15	30	45	60
茧腔内	[O]	—	0.018	0.014	0.016	0.017	0.021
	[Na₂O]	—	0.154	0.140	0.147	0.154	0.165

注 丹东丝绸一厂对丹东鲜茧测定数据。

表 2-5-4 漂液的总碱量、有效氧的变化 （%）（干茧）

项目		漂前	起漂	间隔时间（min）			
				15	30	45	60
漂桶内	[O]	0.132	0.084	0.066	0.052	0.052	0.031
	[Na₂O]	0.476	0.440	0.413	0.392	0.0392	0.375
茧腔内	[O]	—	0.021	0.023	0.027	0.027	0.033
	[Na₂O]	—	0.200	0.196	0.214	0.214	0.214

注 对岫岩干茧的测定资料。

试验结果分析如下：

（1）从投茧开始到 15 min 时，茧腔中的药液浓度逐渐降低，这是由于茧腔内药液被蛹体浸出物消耗但又补充不足所致。待 15 min 后，茧腔内漂液浓度逐渐升高，最终漂液浓度与原漂液浓度的对比，总碱量鲜茧为 $0.165 \div 0.333 = 50\%$，有效氧为 $0.021 \div 0.13 = 16\%$；干茧总碱量为 55%，有效氧为 25%。

在解舒处理中，原漂液的浓度高，茧腔吸液的浓度也高，一般柞蚕干茧比鲜茧抗药，漂干茧时药液浓度应比鲜茧高。茧腔内的药液浓度，干茧与鲜茧相比有效氧高 9%，总碱量高 5%。

（2）在漂解全过程中，茧腔外的药液浓度始终比茧腔内高，是因为柞蚕茧丝经过煮茧后带入水所致。漂茧结束时，茧腔内外有效氧比较接近，但碱量差异较大。

（3）在干茧解舒处理中，在漂解 30~45 min 这一阶段，药物反应速度与渗透速度达到平衡，柞蚕茧腔内外的漂液浓度保持稳定。超过此阶段，平衡被破坏，漂液浓度又继续发生变化。

（4）漂茧桶内漂液碱量和有效氧在整个过程中是逐渐减少的，其损耗情况见表 2-5-5。

表 2-5-5 漂液的碱、氧的损耗情况 （%）

茧别		鲜茧	干茧
损耗率	[O]	76	70
	[Na₂O]	22	21

可见，在柞蚕茧解舒处理完成后，废漂液中残存的有效氧较少，但残存的碱量很多，利用率约为 25%。

（5）柞蚕茧在解舒开始到结束的过程中，茧层丝胶膨润软化、溶解、杂质脱落，茧层被氧化漂白；色泽由褐黄色逐渐变成深黄色，最后呈现为黄白色；茧体软和、润滑而有弹性，茧丝稍有拉力即能离解，表明柞蚕茧的漂解处理已完成。

第三节　煮漂茧方法

一、传统煮漂茧联合机

1958 年，柞蚕茧煮漂联合机在丹东、凤城、岫岩等地的缫丝厂陆续使用，根据柞蚕茧的性质，煮漂茧工艺的特点以及提高设备的机械化、自动化的要求而设计制造的。生产实践证明，柞蚕茧煮漂联合机性能良好、结构合理、传动可靠、使用方便。其不仅将煮茧和漂茧两个工艺过程连接成为一体，取代从原料茧投入漂成茧出桶的笨重手工操作，实现了全程机械化；而且煮漂质量均匀一致，为柞蚕缫丝生产创造了有利条件。但该机比较庞大，占地面积多，维修费用亦高，适用于大型缫丝企业，目前企业使用较少。

煮漂茧联合机是由煮茧和漂茧两部分组成。煮茧部分分为准备部、加茧部、高温渗透部、低温渗透部、水煮部。原理基本与桑蚕茧的煮茧机相同。漂茧部分分为漂茧准备部、加茧加药部、保温漂茧部和自动出口部，然后送到剥茧机输送带上，剥去茧衣、茧柄等外层绪丝，装到茧盒里，再送往立缫机进行缫丝。煮漂茧联合机的煮漂茧工艺条件，见表 2-5-6。

表 2-5-6　煮漂茧联合机的煮漂茧工艺条件

项目		工艺条件	
		鲜茧	烘干茧
煮茧部分	每笼茧粒数	325～380	325～380
	高温渗透部温度（℃）	95～100	96～100
	低温渗透部温度（℃）	65～90	65～90
	水煮部温度（℃）	94～98	95～99
	实煮时间（min）	9.0～8.6	9.6～9.0
漂茧部分	车速（r/min）	36～38	34～36
	每桶茧量（粒）	650～760	650～760
	池温（℃）	61～66	64～68
	液温（℃）	15～22	15～25
	液量（kg）	11.5～12	12～12.5

项目		工艺条件	
		鲜茧	烘干茧
漂茧部分	碳酸钠（g）	55～80	60～100
	硅酸钠（g）	90～130	100～130
	过氧化氢（g）（含有效氧 14%）	105～130	110～140
	实漂时间（min）	57.2～54.2	60.5～57.2

二、真空渗透煮漂茧

（一）真空渗透煮漂茧的原理

柞蚕茧的真空渗透煮漂茧，是在同一个真空容器里，既进行真空渗透，又进行煮茧。在完成煮茧任务后，又在真空容器里进行茧腔吸药，然后把吸药后的茧子从真空容器里取出，放到漂茧罐里进行漂茧。整个生产过程是由两个容器完成的。

真空渗透煮漂茧，是针对柞蚕茧层含有色素、单宁和多量的无机盐类，通气性和通水性差，茧丝扁平度大，丝缕间胶着力强，致使解舒困难等特点而研制的，其具有设备简单，占地面积小，维修方便，节约水、电和解舒药剂，以及漂成茧质量好等优点。真空渗透煮漂茧的工艺流程如下：

真空渗透煮漂茧的煮茧，是在一个真空罐里，进行渗透、煮茧，然后茧腔吸药放入漂茧罐里漂茧。真空渗透是减压渗透。利用真空设备抽去柞蚕煮漂茧罐内的空气，使罐内空气越来越稀薄，罐内压力降低，真空度提高，茧层纤维表面的空气、境膜的阻力逐渐减小，然后放入 70～80℃的热水；由于外界大气压和茧腔内负压之差，热水被压入茧腔；随后通入空气，再进行抽真空。

经过真空渗透的茧，再吸入 95～100℃的热水进行煮茧，而且罐内上、中、下各部煮茧温度均匀，使煮熟程度均匀一致。经过再进行真空吸药，然后从真空罐里取出，放入密闭的漂罐内进行漂解。真空渗透的次数和真空度的高低很容易控制，渗透后的蚕茧，其茧层渗润充分，丝胶膨润、软化和渗透均匀，吸水吸药量适当，内外茧层解舒基本一致，丝胶溶解量少，有利于提高缫丝的回收率。

（二）真空渗透煮漂茧工艺

1. 真空渗透煮漂茧的工艺条件

真空渗透煮漂茧的工艺条件需根据柞蚕原料茧的不同而调整，真空渗透煮漂茧工艺条件见表2-5-7和表2-5-8。

表2-5-7　真空渗透煮漂茧工艺条件（煮茧）

项目		单位	分煮分漂		煮漂合一	
			鲜茧	干茧	鲜茧	干茧
投放茧型		—	统号	统号	统号	统号
每罐茧粒数		千粒	11~11.5	11.5~12	12~13	12~13
真空渗透	真空度	mmHg	200	300	300	300~400
	水量	kg	250	350	250	300
	温度	℃	95~100	80~90	98~100	98~100
	时间	min	1.5~2	2	3~4	3~4
循环煮茧	蒸汽压力	kg/cm²	1.5~2	1.5~2	2.5~3	2.5~3
	温度	℃	94~96	95~97	96	96
	时间	min	6~7	6~7	5	8
二次真空	真空度	mmHg	100	100	—	—
	时间	min	1.5~2	1.5~2	—	—
排水时间		min	2	2	2~2.5	2~25
煮茧吸水率		%	30	200	35~50	190~210

表2-5-8　真空渗透煮漂茧工艺条件（漂茧）

项目				单位	分煮分漂		煮漂合一	
					鲜茧	干茧	鲜茧	干茧
吸药工艺	真空度			mmHg	温差	100~200	200	200~300
	液量			kg	150~155	155	150	150~155
	液温			℃	22~24	21	21	25~28
	时间			min	0.5	0.5	0.5	0.5
	用药量	过氧化氢	有效率	%	13	13	14.5	14.5
			用量	g	1850~1950	2150~2200	1850~1950	1950~2100
		碳酸钠		g	1150	1250	750~1000	1100~1200
		硅酸钠		g	1650	1550~1650	1450~1600	1500~1600
漂茧工艺	方式			—	不保温密闭桶			
	转速			r/min	2.5	2.5	1.8	1.8

续表

项目			单位	分煮分漂		煮漂合一	
				鲜茧	干茧	鲜茧	干茧
漂茧工艺	时间		min	55~60	60	50~60	60
	漂茧药液	漂前 有效氧	%	0.13~0.14	0.14~0.15	0.14~0.15	0.15~0.16
		漂前 总碱量	%	0.4~0.5	0.45~0.55	0.4~0.5	0.45~0.55
		漂后 有效氧	%	0.04~0.05	0.05~0.06	0.04~0.05	0.05~0.06
		漂后 总碱量	%	0.36~0.38	0.37~0.38	0.20~0.30	0.15~0.20

2. 影响真空渗透煮漂茧质量的因素

（1）真空度。真空度与柞蚕茧层渗润、茧腔吸水和茧腔吸药的关系密切，直接影响柞蚕真空渗透煮漂茧的质量。真空度与茧的吸水率、吸药率的关系，见表2-5-9和表2-5-10。

表2-5-9　真空度与吸水率的关系

水温（℃）	不同真空度下的吸水率（%）				
	200 mmHg	300 mmHg	400 mmHg	500 mmHg	600 mmHg
30	26.4	45.7	60.4	75.4	110.1
75	49.3	67.9	83.2	99.4	117.8

注　辽宁丝绸科学研究院测定。

表2-5-10　真空度与吸药率的关系

真空度（mmHg）	500	550	600	650	700
吸药率（%）	241.8	274.7	324.1	355.3	401.5

注　辽宁丝绸科学研究院测定。

表中数据表明，柞蚕茧的吸水量和吸药量随着煮茧罐内真空度的高低而增减，真空度相差100 mmHg，茧的吸水率相差约44%，吸药率相差约29%。提高真空度，增大罐内外压力差，有利于茧的吸水和吸药。

但实践证实，并不是真空度越高越好，因为茧的吸水量过多，反而会影响茧的药量，不利于柞蚕茧的内层解舒，而吸水吸药过多，缫丝时出现沉缫茧，影响柞蚕丝质量的提高。茧在真空度过高时吸水吸药，会出现大量瘪茧，不利于提高煮漂茧质量。经过反复试验和生产实践，以采用低真空度的方法为好。

（2）温度。温度对柞蚕茧的吸水率和解舒质量都有较大影响。在真空度一定的条件下，水温与茧的吸水率的关系见表2-5-11。

表 2-5-11　吸水温度与吸水率的关系

真空度	不同温度的吸水率（%）							
	13	30	40	50	60	70	80	90
300 mmHg	30.8	45.7	53.3	56	60.4	67.2	79.9	78.8
500 mmHg	75	82.7	87.4	89.4	93.3	98.2	106.7	105.6

注　辽宁柞蚕丝绸科学研究院对辽宁省庄河二等鲜茧测定，吸水方法为加水→抽气→进气→出茧。

从表 2-5-11 中数据得知，在水温 40℃以下时，随着水温的升高，柞蚕茧的吸水率增加较为迅速；在 40～80℃阶段，吸水率上升速度缓慢；到 80～90℃时，吸水率反而略有下降。

吸药温度与茧的解舒质量的关系见表 2-5-12。

表 2-5-12　吸药温度与解舒质量的关系

项目	吸药温度（℃）			
	42	55	57	60
供试茧数（粒）	3×100	3×100	3×100	3×100
新茧有绪率（%）	34.16	52	54	64
平均落绪（次/粒）	1.30	1.33	1.38	1.42
平均上颡（次/粒）	0.15	0.17	0.21	0.25
茧丝长（m）	690.4	670.5	660.7	626.9
解舒丝长（m）	299.4	287.6	277.6	259
解舒率（%）	43.4	42.9	42.0	41.30
出丝量（g）	38.2	36.9	36	36.5
重滑皮茧（%）	3	2	5	4
轻滑皮茧（%）	1	3	7	6
破口茧（%）	1	2	2	3
外观检验	绪丝少，有绪低，破口、滑皮茧少，落绪上颡不多，茧硬烂合适	外层绪丝稍大，落绪、上颡偏多，破口茧增多	外层绪丝大，色白，落绪、上颡较多，茧漂得不均匀	外层绪丝大，色白，落绪、上颡多，滑皮茧、破口茧多，茧漂得明显不匀

注　辽宁柞蚕丝绸科学研究院对海城干茧测定。

表中数据表明，随着吸药温度的升高，落绪和上颡次数增加，解舒率降低，滑皮茧和破口茧增多，出丝量也减少。因此，吸药温度不宜过高，尤其采用过氧化氢时更会影响柞蚕茧解舒质量。目前吸药温度一般在 20～25℃。

L柞蚕丝绸生产与应用 |

（3）渗透次数。吸水率随着渗透次数的增加而提高，但渗透达3次以上时，吸水率基本不变，这是由于各方面已趋于稳定，柞蚕茧层和茧腔吸水达到饱和。真空度控制在300~400 mmHg，吸水温度在90~100℃，渗透2次，最有利于提高柞蚕缫丝生产成绩。

3. 真空渗透煮漂茧病疵的产生原因及防治办法

在真空渗透煮漂茧过程中，由于设备故障或工艺条件不符合要求，造成漂成茧中有黄斑茧、瘪茧、沉缫茧、外烂内硬茧和外硬内烂茧等。这些有病疵的茧，对缫丝质量和回收率都有很大影响，必须查清原因，及时解决。

（1）黄斑茧。黄斑茧是指漂成茧外观隐约出现黄白相间的斑块或在缫丝中出现黄斑点的茧。煮漂茧中出现黄斑茧，表明煮漂茧不均匀，斑点处茧丝解舒不足，缫丝时落绪上颣增多，并影响失色，因此必须避免。主要防止煮漂罐进出孔堵塞，造成煮熟不匀。

（2）瘪茧。瘪茧是指煮茧或吸药后产生的凹形茧。瘪茧影响解舒的均匀性，凹形部分茧丝解舒不良，造成解舒抗力增大，落绪、上颣增多。产生瘪茧的主要原因是茧腔内外的压力差大于茧层的抗压力。选茧时应尽量剔除易瘪茧；煮茧时严格控制进气速度，吸水一定要满，排水一定要静，煮茧做到定温、定压、定真空度。

（3）沉缫茧。沉缫茧是指蚕茧沉在水底（较轻者理绪时茧能浮动，重者则沉在水底不动）的茧。沉缫茧是吸水过多形成的，缫丝时会影响定粒配茧，易出降低匀度成绩。吸水真空度，鲜茧不超过200 mmHg，二次真空度控制在100 mmHg。

（4）外烂内硬茧。外烂内硬茧是指外层绪丝大，中内层滑皮的漂成茧。外烂内硬茧影响柞蚕缫丝回收率。防止真空度过高，时间过长。

（5）外硬内烂茧。外硬内烂茧是指外层绪丝小，有绪率低，内层偏烂，上颣多的漂成茧。外硬内烂茧影响柞蚕缫丝产量。可不经真空吸药而直接采取温差吸药的方法，或提高二次真空度，降低吸药真空度，增加煮茧吸水率，减少漂茧吸药。

4. 煮漂茧注意事项

柞蚕茧鲜茧的茧层丝胶没有变性，易于软化溶解，易解舒。因此，吸水真空度和二次真空度都要适当降低，防止吸水过多产生沉缫茧。煮茧温度适当降低，煮茧时间适当缩短，避免柞蚕丝胶溶失过多，影响丝条抱合和上颣。吸药方式尽量不用真空吸药而采用温差吸药，以降低茧腔吸药量，避免产生外硬内烂茧。漂茧药量不宜过多，温度、时间恰当，必要时还可以增加助剂（硼砂），减缓柞蚕丝胶的溶解。

（1）丝条抱合不良茧煮漂茧。影响丝条抱合的因素很多，就柞蚕煮漂茧而言，主要是丝胶膨润不够或者是丝胶溶解过度。因此，首先要摸清柞蚕原料茧的丝胶性能，然后选择适当的煮漂茧工艺。既要保证丝胶充分膨润，又要避免丝胶过度溶解。

（2）解舒好、丝胶易于溶解的蚕原。如果出现抱合不良，则在加强渗透的同时，适当降低煮茧温度和缩短循环煮茧的时间，防止丝胶溶失过多。煮后茧用一定温度的水冷却，以保护丝胶；漂茧药量适当调整，碳酸钠用量适当减少，硅酸钠用量适当增加，也可添加少量硼砂，以抑制丝胶的溶解，防止过氧化氢过速分解，并适当降低柞蚕漂茧温度和时间。

50

（3）解舒差、丝胶难以溶解柞蚕。如果出现抱合不良时，必须在提高真空渗透同时，提高煮茧温度，并延长煮茧时间，使中、内层均一煮熟，充分膨润和软化丝胶。柞蚕煮后茧不必冷却，直接采用温差吸药或真空吸药方法；漂茧药量要足，碳酸钠和硅酸钠的比例采用 1 : 2，并降低漂茧温度，延长漂茧时间，也就是采用低温长时间的柞蚕漂茧方法。

（4）煮漂茧用水硬度过高、碱性过大。首先必须进行软化处理，否则既影响丝条抱合，又影响解舒质量，对柞蚕丝质也有害。

（三）真空渗透煮漂茧的工艺过程

1. 煮茧前的准备工作

（1）定准茧量。根据工艺规定每罐茧量，按当时千粒茧模重，折合粒数称取茧量，保证各罐柞蚕茧的粒数准确一致。

（2）漂液配制。根据解舒药剂有效成分含量，按工艺规定精确计算并称取每罐茧需用的药量。先在另一容器内把碳酸钠用 80~100℃ 的热水进行搅拌溶解后，再将溶液抽入配药罐内。然后依次加入硅酸钠和过氧化氢，并添加冷水至规定浴比。最后采用蒸汽加温的办法调整液温。

（3）预热煮茧用水。按工艺规定预热煮茧用水。

2. 煮茧

（1）加茧。加茧时应力求茧粒之间松紧一致，受压均匀。煮漂合一罐，罐体可以旋转，加茧量以达到 100% 为宜。

（2）一次抽真空与吸水。先将真空阀门打开，抽出罐内和茧腔内的空气。待罐内真空度达到工艺规定时，再打开吸水阀，同时，关闭真空阀门，吸入预热水。吸水时要注意观察水位表，待达到规定水位时，立即关闭吸水阀并打开煮茧罐上端的进气阀，进行茧腔吸水。要严格防止采取边抽真空边吸水的做法，以免影响柞蚕茧腔吸水率。

（3）循环煮茧与静煮。吸水完成以后，真空阀、吸水阀、进气阀等均已关闭。此时，应立即打开循环气泵、循环水管阀门，开始进行水循环煮茧。待达到规定温度，罐盖冒汽时，即停止循环，开始静煮。操作时不允许任意提高循环煮茧时的气压和缩减静煮时间，以保证茧的煮熟程度。

（4）二次抽真空与吸水。二次抽真空的操作与一次抽真空操作基本相同，所不同的是不必再从烧水罐内吸水，而是在达到工艺规定的真空度以后，开放进气阀，直接利用煮茧罐内的煮茧汤再进行一次渗透，并对茧腔吸水量作一次平衡控制。二次抽真空对柞蚕茧腔吸水量的平衡控制十分重要，可以决定柞蚕茧的沉浮程度和茧腔吸药量等。

（5）排水。二次抽真空吸水后，将有关的阀门关闭，然后打开循环汽泵及通往烧水罐的水门（不打开循环管阀门），即可将煮茧罐内的煮茧水回排到烧水罐内。排水时只排除煮茧罐内的煮茧汤，而不应排除茧腔内吸的水。水位达到规定标度时，应立即停止排水，以避免将茧腔内的水排除。

（6）吸药。在进行循环煮茧及静煮时，即应先将配药罐内的漂液，吸入漂液罐内，并使之达到规定的容量。在二次抽真空吸水及排水结束后，即可将通往煮茧罐的输液管道的阀门打开，漂液依靠液位差流入煮茧罐，并依靠温差渗入茧腔，完成吸药，干茧必须用真空吸药。

3. 漂茧

当煮茧完毕后进行漂茧。漂茧过程依靠茧在煮茧过程中摄取的热量，进行自身保温。因此，漂茧车间的温度应经常保持均衡，避免罐体温度变化，造成柞蚕解舒差异。

（四）真空渗透煮漂茧设备的维护

真空渗透煮漂茧设备虽具有结构简单、故障少以及维修方便等特点，但一旦发生故障，对柞蚕茧解舒质量影响较大。因此，应重视设备的日常维护，定期进行检修，以保证设备正常运行。重点是加油润滑和保持设备清洁，并定期检修。

第四节　煮漂茧质量鉴定

由于柞蚕原料茧的品种、放养、烘杀和保管条件等因素的变化，致使原料茧性质的差异很大，加上缫丝方法的不同，对柞蚕的煮漂茧质量有不同的要求，因此煮漂茧的质量标准不能固定不变。目前检查煮漂茧质量尚缺乏简便科学的方法，一般采用外观检验和技术测定两种方法。

一、外观检验法

外观检验法是用眼观手触的办法，凭长期实践经验，鉴别柞蚕煮漂茧质量的好坏。这种方法的优点是能迅速反映煮漂茧的质量情况，便于及时改进煮漂茧工艺。鉴别方法见表 2-5-13。

表 2-5-13　煮茧、漂茧的质量鉴别方法

鉴定项目	茧别	鉴定方法	煮漂茧程度		
			偏上	适当	偏下
煮熟程度	煮后茧	看茧色	较浅	水褐色	较深
		手触	不软和，有粗硬感	软和而有弹性	软和弹性差
		牵引绪丝	拉即断	弹性强似能离解	拉出一些即断
		看蛹体	软和，有稀浆液	适煮	熟，较硬
茧吸水量	煮后茧	取不同部位茧 5~10 粒用手称重	茧体轻，吸水不足	适重	茧体过重，吸水过多
		两指挤压茧，看出水情况	较少	适合	较多

续表

鉴定项目	茧别	鉴定方法	煮漂茧程度		
			偏上	适当	偏下
渗润程度	煮后茧	食指和拇指捏茧层，看露水珠情况	力较大，露珠较慢	力适中，露珠正常	力较小，露珠较快
漂解程度	漂成茧	手触	弹性强，内层硬	有弹性，软和，发滑	松软，弹性差
		看绪丝	中内层硬	合适	较大
		牵引茧丝，看解舒抗力	较大	适合	较小
漂白程度	漂成茧	肉眼观察	发黄	适合	发白

注　偏上指不足，偏下指过度。

二、技术测定法

技术测定法能够科学地、正确地反映柞蚕煮漂茧质量情况，包括解舒试验、实缫蛹衬调查和每分钟添绪次数测定等。但不足之处是反映情况较慢（需要一定的测定时间），难以及时指导生产。因此，在实际生产中，外观检测和技术测定应互相配合。技术测定还有下述一些项目，可根据需要，选择进行。

1. 测定湿大挽手量

随机抽取一整桶柞蚕茧的大挽手，用手绞成湿挽手（含水率约60%），称量后与试样的大挽手作对比。如挽手量增加，要找出原因，设法改进，每班测定2~3次。

2. 测定漂茧整齐程度

随机抽取待测柞蚕漂成茧50~100粒，逐粒识别，按表2-5-14要求评定整齐程度。

表2-5-14　漂成茧整齐程度要求

整齐程度	偏上	适漂	偏下
优良	10%以下	80%以上	10%以下
一般	50%以下	50%以上	—
较差	—	50%以上	50%以下

3. 测定色差程度

随机抽取待测柞蚕漂成茧50~100粒，逐粒识别，茧色与基本茧色差一级以上的茧粒数应低于10%。

4. 测定新茧有绪率

随机抽取待测柞蚕漂成茧50~100粒，在盛水桶中索理绪，查点有绪茧粒数。新茧有绪率在 60%～70% 为良好，50%～59% 或 71%～80% 为合格，50% 以下或 80% 以上的为较差。

5. 测定废品茧

随机抽取待测柞蚕漂成茧 50～100 粒，进行剥茧，记录各种废品茧粒数，计算百分率，并记录生产的各类废品茧，计算废品率。

6. 测定全茧吸水率

全茧吸水率是指全茧吸水量（等于茧层吸水、茧腔吸水、蜕皮吸水和蛹衬吸水量之和）与茧量的百分比。

（1）测定方法。随机抽取待测柞蚕茧 30～50 粒，称重并记录。

（2）计算式。

$$全茧吸水率（\%）=\frac{煮茧后茧重（g）-煮茧前茧重（g）}{煮茧前茧重（g）}\times100$$

7. 测定茧层含水率

（1）测定方法。随机任取待测柞蚕茧 30～50 粒，称茧层湿量和干量，并记录。

（2）计算式。

$$茧层含水率（\%）=\frac{茧层湿重（g）-茧层干重（g）}{茧层干重（g）}\times100$$

8. 测定茧腔吸液量

（1）测定方法。随机抽取待测柞蚕茧 30～50 粒，切开茧层，倒出吸液，称重并记录。分析其吸液浓度，以总碱量〔Na_2O〕和有效氧〔O〕表示。

（2）计算式。

$$茧腔吸液量（g/粒）=\frac{茧腔吸液总量（g）}{供试茧粒数（粒）}$$

第五节　剥茧

一、剥茧的目的和作用

经过煮漂工艺的柞蚕茧，由于茧的外层有蓬松的茧衣和较硬的茧柄，无法进行缫丝，必须将其剥除，并把茧子分盒后才能上车缫丝。剥茧就是剥除茧衣和茧柄的过程。

剥茧质量对柞蚕缫丝的回收率和丝的质量都有较大影响。如大挽手提得过大，就会影响柞蚕缫丝的回收率；下茧（如黑斑茧、绵茧、破口茧等）剔除不净，就会影响柞蚕丝的质量，或出现夹花丝，或使额节增多。

二、剥茧工艺流程

剥茧机适合于柞蚕缫丝规模较大的企业，可减轻劳动强度，提高工作效率，提高剥茧质量。剥茧机由储茧池、上茧传送带、耙形振动板、偏心盘、取大挽手装置、切断绪丝装置、簸箕形台面、量茧装置、链轮、椭圆形托板、漏茧孔、茧盒和传动系统组成。剥茧机三维模型如图 2-5-1 所示，剥茧工艺流程如下。

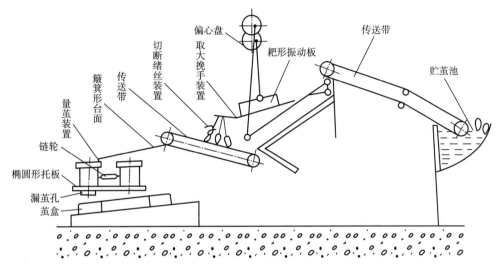

图 2-5-1 剥茧机三维模型

1. 准备工作

调整储茧池汤液，除利用溢流孔排放超过水位的汤液外，每天放水一次。每次均留原液三分之二，加入清水三分之一，并升温至 30~35℃。每周一次将水全部放完，清刷储茧池，换成清水，加入碳酸钠约 1.5 g/L，并升温至 30~35℃，然后开始工作。

2. 上茧

将储茧池中的茧，每桶按六把分开，每把不超过两千粒，均匀摊在水面，引至上茧传送带。上茧厚度不超过两粒，并注意剔除下茧，检查漂茧质量。

3. 提挽手

将振动板耙齿上挂的茧衣（大挽手）按把取下，摘净夹在大挽手中的少量未剥茧，剪断绪丝，将大挽手置于筐中。

4. 量茧

机械剥茧不能逐粒点数，而是以容器法量茧，必须认真掌握量茧筒的平满程度，保证每盒茧粒数误差不超过三粒。

5. 取满盒入空盒

量好的茧，经椭圆形托板孔漏入茧盒后，及时取出装车，准备送往缫丝车间。满盒取出后，立即推入一只空盒，以保证连续装盒。

第六章　柞蚕茧缫丝

第一节　柞蚕茧缫丝的工艺流程

　　柞蚕缫丝是将解舒处理后的柞蚕茧，通过索理绪从茧层表面理出绪丝，然后再将数根茧丝并合，通过集绪和捻鞘的作用，抱合成一根具有一定强伸度和纤度的丝条，并进行一定形式的卷装，使其成为适应织造及其他纺织行业需要的柞蚕原料丝。现行柞蚕缫丝工艺流程为：索绪→理绪→添绪→集绪→捻鞘→卷绕→干燥。

　　由于一根茧丝细而易断，其柞蚕丝纤度只有5~6旦，强力小，均匀度差，必须将数根茧丝并合在一起。如果丝条各截面的茧丝根数均相等，则根据数理统计有关并合体不匀率的原理可计算如下：

$$C_A = \frac{1}{\sqrt{n}} C_a$$

　　式中：C_A——丝条断面的不匀率；

　　　　　C_a——茧丝断面的不匀率；

　　　　　n——组成丝条的茧丝根数。

　　尽管每粒柞蚕茧的茧丝纤度具有外层粗、内层细的不均匀性，但数根茧丝经并合后，从理论上说，并合后的不匀率仅为原有不匀率的$1/\sqrt{n}$。然而，实际丝条的不匀率要比该数值大，这是由于柞蚕缫丝时，茧有落绪现象，因而不能确保丝条各截面的茧丝根数完全相等。

　　为了保证丝条截面的茧丝根数基本一致，在柞蚕缫丝过程中发生落绪时，必须进行添绪。茧丝通过添绪器的作用，被卷绕在丝条上，由于丝条的向上牵引力，使新添的茧丝所受的力超过其本身的强度极限，茧丝即被切断，完成添绪动作，保证缫丝能够持续不断地进行。并合的丝条，穿过集绪器（瓷眼）。集绪器可减少丝条的部分水分，并控制颣节通过，增加丝条抱合。然后丝条绕经上、下鼓轮，形成由前后两段丝条相互捻绞的丝鞘，在丝条张力的作用下，产生侧面压力；由于丝条相互环绕，截面之间产生相对回转运动，不仅使茧丝间的丝胶黏合在一起，而且因相互挤压和摩擦作用，各根茧丝的紧密度亦显著增大，丝胶分布也均匀，接触面积也增大，从而增强了茧丝间的抱合力。作回转上升运动的丝条，平均转速极高，而高速运转产生的离心力，使丝条上附着的水分很容易散发。丝条再经干燥装置的烘干，使卷绕后丝片的含水率控制在一定的范围内。丝条经烘干后，由于丝胶内的水分子脱除，丝胶凝固定性，从而减少了卷绕后丝条的胶着面积和胶着力。

缫成的丝条要有一定形式的卷绕，目的是便于运输和下道工序的使用。卷绕是由丝篗的回转运动和络交器的往复运动所合成，使丝条具有一定的交叉角，减少丝条的胶着点，有利于下道工序顺利退绕。

第二节　柞蚕茧缫丝的方法

按照使用的缫丝设备，柞蚕缫丝方法分为手工缫丝（干缫）、机械缫丝（水缫）。

一、手工缫丝

柞蚕手工缫丝属于传统手工生产方式（在解舒处理方面），目前仍然存在，具备传统文化遗产的特性。使用的设备简单，一般为木制或简单的机械传动（缫丝部分）。基本生产过程为：将准备缫丝的柞蚕原料茧，使用碱性及其他药剂，经一定比例用水溶解，将茧放入其溶液中浸泡或淋浇，即对茧子进行解舒处理。处理后的茧子经脱水后，在没有水的缫丝台面上进行缫丝。每人看管 1 绪或 2~4 绪，平均日产 400 g。手工缫还可以将一些不能机械缫丝的油烂茧、蛾口茧等进行缫丝，也可以生产大条丝。缫制的生丝也称为药水丝。以蛾口茧为例，手工缫丝工艺流程为：泡茧→漂茧→扒茧→缫丝→打包。

（1）泡茧。将一定量的蛾口茧放到泡茧桶中，加解舒剂，浸泡一天。

（2）漂茧。将浸泡好的蛾口茧加入碱、过氧化氢浸泡 6 h 后脱水。

（3）扒茧。将泡漂好的蛾口茧茧衣、茧柄等剥去，理出绪丝。

（4）缫丝。将 12 粒正绪茧通过瓷眼、鼓轮、丝鞘，卷绕到大篗。

（5）打包。将小绞丝放入木制的盒里，挤压打包。

药水丝与机械缫丝比较，其生丝质量差些，强伸度低，抱合不好，丝中残存的碱量大，贮存中易变质，再缫比较困难。但是丝条也有自己的特点，所以还有部分需要。

在河南鲁山，当地的柞蚕茧经过锅煮就可以进行手工缫丝，不需要进行解舒处理。直接把柞蚕茧放在大锅里煮，然后集绪缫丝，煮茧与缫丝同步进行。所以，当地企业传承文化遗产，完全用手工缫丝、织造、染色柞蚕丝绸。

二、机械缫丝

机械缫丝又分立缫机缫丝、自动缫丝机缫丝。机械缫丝是目前缫丝生产的主流，而且已经从机械化升级为智能化生产，今后仍将会随着科技的发展持续升级改造。

（一）立缫机

缫丝工在开始缫丝生产时，必须按以下工艺流程进行：集绪引丝→穿集绪器→丝条绕过鼓轮→捻鞘→套络交钩→上丝。

在缫丝过程中，必须按照工艺设计规定和水缫操作法中单项操作标准，严格掌握好定粒配茧、索理绪、加茧规律、视线巡回以及轻重缓急等环节的操作方法，还必须充分做好缫前准备工作和缫后结束工作。

1. 准备工作

缫前要做好一切准备工作，保证按时开车，正常生产。准备工作的顺序如下：

（1）调节缫丝的汤量和汤温，加新茧，整理缫剩茧。

（2）用手逐只转动小箴，按照规定的茧粒数，整理绪头，补足定粒，做好新旧茧搭配。

（3）检查鼓轮、导轮、添绪器、丝鞘长度、络交钩情况。

（4）先开车，后开添绪器，然后开始生产。

2. 结束工作

停车后，机台必须彻底清洗，同时处理好缫剩茧，为次日正常生产做好准备。

（1）停车时，关添绪器，最后关车。

（2）割除添绪器和鼓轮上的毛丝。

（3）双手把丝鞘松一下（休息、吃饭时应同样处理）。

（4）清洁机台。

立缫机除按规定周期进行严格的大小平车外，还必须进行认真的维护和保养，以保证机器正常运转，提高产品质量和产量。立缫机传动部分的摩擦面，应经常用机械油或润滑脂润滑，保证机器运转稳定可靠，减少机件磨损和功率损耗。

（二）自动缫丝机

柞蚕自动缫丝机有两种：定粒式和定纤式自动缫丝机。

1. 定粒式自动缫丝机

LZD1 型柞蚕茧定粒式自动缫丝机，适合浮槽工艺和生产 40 旦以下的柞蚕丝。其结构与桑蚕自动缫丝机大致相同。由索理绪机、定粒感知器、给茧机、蛹衬机分离机等组成。两侧各有 9 台缫丝机，每台 18 绪，一侧共 162 绪，全机 324 绪。全机总长度 2805 cm，总宽度 276 cm，总高度 172 cm。

定粒感知器分为落绪茧分离机构和落绪茧感知器机构两部分。由于在缫丝过程中，采用浮槽工艺，所以落绪茧仍然浮在水面。定粒感知器首先要把落绪茧从缫丝茧中分离出来，然后方能进行感知。

2. 定纤式自动缫丝机

LD1 型柞蚕茧定纤式自动缫丝机，是参照桑蚕 D101 型感知器和 ZD721 型接绪给茧方式设计制造。柞蚕缫丝机结构也与桑蚕自动缫丝机大致相同。两侧各有 10 台缫丝机，每台 16 绪，一侧共 160 绪，全机 320 绪。全机总长度 2980 cm，总宽度 266 cm，总高度 172 cm。

LD1 型采用循环给茧固定添绪，由固装于每绪上的添绪杆完成传递信号和接绪的任务。纤度控制是靠定纤装置来完成的，落绪茧经缫丝锅内的水流分离后，被排茧器排出缫丝锅外，落入 U 型水流槽内，输送到蛹衬分离机进行分离。

第三节　柞蚕茧缫丝的工艺管理

柞蚕缫丝工艺管理是制丝生产技术管理的重要组成部分，其与缫丝厂的产量、质量和消耗的关系极为密切。缫丝工艺管理内容包括定粒配茧测定，绪丝量、蛹衬中可缫茧量和台面茧量调查，集绪器和丝鞘标准化，汤温和汤色调节，小篾丝片干燥程度控制以及缫剩茧处理等。

一、定粒配茧测定

定粒配茧是缫丝工艺管理的主要内容之一。做准定粒配茧是提高柞蚕缫丝质量的关键，也是考核缫丝工操作技术的主要内容。经常检查和测定定粒配茧，可以了解和检查缫丝工的操作情况，发现先进操作方法并及时总结推广，从而提高柞蚕缫丝操作技术水平，提高产品质量。

在柞蚕缫丝生产中，不但每绪要做准定粒，而且还必须在定粒做准的基础上，做到厚薄茧搭配均匀，从而使丝条的匀度和纤度达到标准要求。因此，为不断提高丝条均匀度，减小纤度偏差，缫丝工人定粒正确率必须达到96%以上，配茧准确率必须达到94%以上。在测定时要准确测定各种茧。

二、绪丝量、蛹衬中可缫茧量和台面茧量调查

绪丝量的大小、蛹衬茧的厚薄和台面茧量的多少，均关系到柞蚕原料茧的消耗。测定绪丝量可以了解和检查缫丝工执行操作的情况。

测定蛹衬中的可缫茧时，可查准100粒，察看厚薄程度，分清可缫茧、滑皮茧、硬茧、破口茧、内印茧等，一般蛹衬中可缫茧以4%为宜。台面茧量一般以20~36粒为宜。防止台面茧积压过多，致使丝胶遇冷凝缩，增加落绪，加大原料茧消耗，降低回收率。

三、汤温和汤色调节

缫丝汤温是根据茧的解舒质量确定的。一般鲜茧的缫丝汤温以38~42℃为宜。汤温过高，茧层的丝胶溶解量增多，易生绵条额和夹花丝，强力下降，汤温过低，茧的解舒差，会增加落绪，严重时还可能造成丝条粗硬、手触不良。

四、集绪器和丝鞘标准化

一般缫制35旦水缫丝的集绪器孔径，比丝条直径大2~2.5倍。孔径过大，虽有利于提高产量，但容易产生额节，清洁成绩不良，同时还影响丝条水分的散发。

丝条经捻鞘，相互之间产生摩擦，再借缫丝张力的作用，使茧丝互相紧密结合，从而增强丝条抱合，减少额节，散发水分。柞蚕茧水缫的丝鞘长度为以4~6 cm为宜。丝鞘长，缫丝张力大，虽有利于丝条水分散发，但容易产生吊鞘，不利操作；丝鞘短，虽可提高产

量，但由于缫丝张力小，丝条上的水分不易散发，也不易干燥均匀一致，影响丝的色泽、手触、抱合和清洁成绩。

五、小筬丝片干燥程度控制

丝条通过集绪器和丝鞘作用后，散发一部分水分，但仍含有较多的水分。此时丝条的丝胶还仍处于软化状态，并带黏性，若不及时烘干，丝条之间就容易胶着，在复摇过程中易切断，影响丝的抱合成绩。

小筬丝片含水越多，复摇时丝条干燥的收缩力越大。由于大筬筬脚由硬质材料制成，丝条的收缩受到一定的限制，因而内层丝受到较大的压力，如果丝条水分得不到充分散发，就容易增加丝条之间的胶着力，产生硬角丝，使切断次数增多，丝的品质降低。因此，小筬丝片烘得适干与否，对复摇和产品质量影响很大。如果小筬丝片烘得适干，经过复摇快速给湿和及时返丝，丝条所含的水分也较少，而且处于丝条表面，容易散发，丝条间的胶着程度也较轻。反之，如烘得过干，丝片上所含的水分较少，容易使丝条发脆，造成成形不良，切断次数增加，影响成品等级。

在正常的缫丝车速条件下，缫丝车间相对湿度在 65%~70%，缫丝保温箱的温度在 40℃ 左右为宜。随着缫丝车速提高，缫丝保温箱的温度亦相应调整。小筬丝片的适干程度，以控制丝片含水率在 20%~25% 为标准。丝片含水率计算式如下：

$$丝片含水率(\%) = \frac{丝片湿量(g) - 丝片干重(g)}{丝片湿量(g)} \times 100$$

例如，测得小筬丝片湿量为 60 g，烘干后的重量为 48 g，则含水率计算式如下：

$$丝片含水率(\%) = \frac{60\ g - 48\ g}{60\ g} \times 100 = 20\%$$

六、缫剩茧处理

停缫前 2h 需做好定茧工作。定茧时应依据每部车的车速、操作人员技术水平和用茧量等，正确估计所需茧量，计划用茧，减少缫剩茧。停缫时必须用冷水浇透绪下茧，然后将缫剩茧置于备绪锅中。缫剩茧处理不当，茧体容易腐败，产生绵条颣，增加落绪，还会影响丝色，在夏季更需特别注意。

遇有特殊情况，如停电、茧的解舒质量发生变化、漂茧与缫丝衔接不良等造成剩茧过多，在一般气温条件下，用冷水浸泡，即可防止蛹体腐败，次日用热水处理就能使用。

第七章 柞蚕茧的复摇与整理包装

第一节 柞蚕茧的复摇

一、复摇的目的和要求

柞蚕的复摇是将柞蚕缫丝车间落下的小篹丝片卷绕成大篹丝片的生产过程，其工艺流程包括小篹丝片平衡、小篹丝片给湿、卷取成大篹丝片。复摇的主要目的是使丝片整形良好，达到适干程度，保持丝片良好的力学性能，便于织造使用。柞蚕的复摇主要工艺要求如下。

（1）使丝片做成规定的规格并达到适干程度。

（2）除去缫丝过程中造成的部分疵点丝，如特粗或特细的丝条、大糙、双丝、沾污丝等。

（3）使丝片具有适当的篹角，络交花纹整齐。

二、复摇设备的组成

（一）复摇机

柞蚕复摇机一般为铁木结构，由机架、小篹浸水装置、导丝装置、络交装置、大篹、停篹装置、干燥装置和传动系统等组成。复摇机如图2-7-1所示。

（1）小篹浸水装置。位于复摇机的前下方，由水泥浸水槽、升降杆、浸水架等组成，用于复摇过程中的小篹中间给湿。

（2）导丝装置。由导丝圈和玻璃杆组成。导丝圈可限制丝条退解时气圈的大小，防止产生双丝。玻璃杆可防止丝条起毛或切断，一般为蓝色，便于发现丝条切段。

（3）络交装置。每台复摇机均装有单独的络交机。由于大篹丝片较薄，丝条间的交叉角度大，一般采用结构简单的单偏心轮络交机。络交齿轮的齿数比为13∶24、16∶25、17∶26几种，篹络速比为1.53~1.85。络交装置的作用主要是保证丝片成形正常，干燥容易，丝条间不过分胶着，以及切断时容易寻绪接结。

（4）大篹。大篹结构有木制和铁木混制两种，一般为六角形，周长1.5 m，可返六片丝。篹脚上开有篹槽（凹形槽），以利于丝片干燥和形成适当的篹角，减轻篹角处丝片胶着程度。丝片和每只篹脚的接触长度以20 mm为宜。

（5）停篹装置。停篹装置的作用是抬起刹车轮，使大、小擦轮分离，大篹迅速停转。

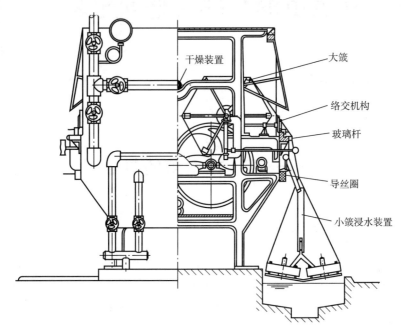

干燥装置

大篾

络交机构

玻璃杆

导丝圈

小篾浸水装置

图 2-7-1　复摇机

在进行上丝、落丝、寻绪接结等操作时，用手转动停篾杠杆的手柄，使停止杠杆上升，顶起络交齿轮箱，使小摩擦轮与大摩擦轮分离，此时大篾同时受到上部刹车叉制动而迅速停转，还可防止倒转。

（6）干燥装置。在复摇机车厢内中间的上部和底部装有直径为 50 mm 蒸汽管道两根，两侧装有直径为 40 mm 蒸汽管各一根，并设有保温罩、排气筒和进风口，使车厢内维持一定的温湿度，以利于丝片达到适干程度。

（二）真空给湿机

真空给湿机的作用，主要是依靠多次减压和恢复常压的作用，迫使丝片充分吸水，故具有吸湿透而均匀的特点。它是由控制箱、罐盖、小篾、真空表滤水筒、铝盘、真空罐体、水位控制箱、水环式真空泵和丝杆等组成。真空给湿机如图 2-7-2 所示。

三、复摇工艺管理

（一）温度和湿度

1. 小篾丝片平衡和给湿

由于生产工艺和生产班次的不同，小篾丝片的回潮率不完全相同，若超过标准，对切断次数、色泽和手感等实物质量指标均有影响。所以，小篾丝片必须根据其回潮率及季节情况，在温度 25~35℃、相对湿度 50%~60% 条件下进行平衡，也就是自然排湿或吸湿。

小篾在落丝后，连同缫丝挡车工的号带一起送到真空给湿机的附近，进行丝片平衡，平衡后就准备进行给湿。平衡后的丝小篾，丝条间存在着胶着力。为了使丝条的丝胶得到

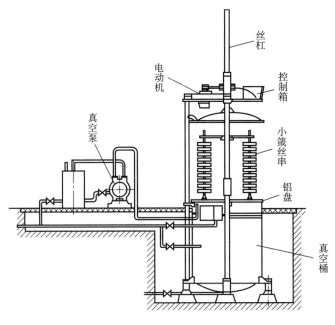

图 2-7-2 真空给湿机

膨润和软化，以利丝条退解，减少复摇过程中的切断，在复摇前还必须对小篾丝片进行给湿处理。

简易的方法是拍水。操作时先浸后拍，连浸带拍，拍匀拍透。此法比较简单，但给湿程度难以达到一致，劳动强度大。有的缫丝厂用真空给湿机进行，效果很好。真空给湿的工艺条件见表 2-7-1。

表 2-7-1 真空给湿的工艺条件

丝别	规格（旦）	抽真空次数（次）	真空度（mmHg）	水温（℃）	
				冬季	夏季
鲜茧丝	25~35	连续 2 次	250~300	20~25	常温
干茧丝	25~35	连续 2 次	350~400	20~25	常温

工作时首先将小篾串置于铝盘上，并用篾串夹固定，然后开动电动机，通过内螺母和丝杆使罐盖下降，直至与罐体口完全密合后，电动机停转，真空泵自行启动抽气（也可用喷射真空泵代替）。当抽至预定的真空度时，真空泵停止转动。随后放进空气，待真空度为零时，真空泵又自动启动抽气。真空泵按预先规定的控制程序反复进行抽气和进气，直至规定次数为止。给湿完毕后，铝盘和罐盖自动上升，恢复到原位，取下小篾串。这时浮球式水位控制箱自动补充水量。小篾丝片的给湿率为70%左右，给湿率的计算式如下：

$$M_p = \frac{W_a - W_b}{W_a} \times 100$$

式中：M_p——表示给湿率,%；

W_a——表示小箴丝片给湿后重量,g；

W_b——表示小箴丝片给湿前重量,g。

给湿后小箴丝片的待返时间一般以 25~30 min 为宜。鉴别方法是用手捏丝片,感觉丝片较松软,可捏出水,但不滴水为适度。待返时间过短,容易造成大箴丝片底部硬胶,待返时间过长则对丝色不利。

有时小箴丝片需要中途补湿。当车间湿度低时,小箴丝片水分散发快,没有复摇完的小箴丝片已干燥,必须进行补湿。或者是当天没有复摇完的小箴,第二天继续复摇时,也应当进行补湿,以免出现多层丝。补湿方法是利用复摇机前的浸箴池进行人工浸箴,浸箴时间应视丝片厚薄、气候条件等因素灵活掌握。浸完后应停留 5~10 min 进行平衡,然后再上机复摇。

2. 大箴丝片的平衡和给湿

由于柞蚕丝富有吸湿性,温湿度对大箴丝片回潮率起着决定性的作用,从而对丝条切断、丝片整形、箴角胶着程度以及手感等的影响也非常明显。大箴丝片回潮率一般控制在 7.5%~8.5%。如果丝片回潮率低于 7%,则丝质发脆,强伸力降低,切断增加,同时箴角松弛,络交紊乱；如果丝片回潮率超过 10%,容易产生硬边硬角丝,丝切断增加,手感粗硬,在贮藏过程中还易发生霉变,使成品质量降低。所以必须加强温湿度管理。

3. 复摇车厢和车间温湿度的控制

随着季节的变化,复摇的温湿度标准也不同。一季度和四季度,气候干燥,外界温度低,丝片容易干燥,车厢温度可适当低些,排潮筒的启开程度可小些；二季度和三季度,因气温高,相对湿度也高,特别是多雨季节更为突出,除应适当减少小箴丝片的给湿量外,车厢的温度要高,排气筒需开大,避免因高温多湿产生硬边硬角丝。复摇的温湿度标准,见表 2-7-2。

表 2-7-2　复摇温湿度标准

季节	车厢		车间	
	温度（℃）	相对湿度（%）	温度（℃）	相对湿度（%）
一季度、四季度	44~46	38~40	20~30	60~70
二季度、三季度	46~48	40~45		

掌握复摇车厢温湿度时,还应考虑天气晴雨的变化。复摇车间的温湿度变化,对复摇车厢的温湿度有直接影响。因此,复摇车间应设有喷雾器、排潮风扇等,并由专人控制,随时调节车间温湿度,以保证达到工艺标准要求。

（二）复摇张力

复摇张力,一般是指自络交钩到大箴之间这一段丝条所受的张力,其大小对丝片整形和切断均有影响。在实际生产中,张力大时,丝片花纹清晰,箴角切断多,两侧松散丝较少；反之，张力小时，丝片花纹不清，籰角切断减少，两侧易产生松散丝。因此在保证丝片整形的情况下，应给予丝条一定的张力，一般为 3~5 g。

丝条从小籰上退解，是通过导丝圈、玻璃杆、络交钩，再卷绕到大籰上。由此可见，复摇张力取决于丝条退解时的张力和丝条通过部分的摩擦系数及其包围角等因素。大籰速度对张力的影响不大。

试验表明，满小籰（小籰刚开始复摇）时张力变化比较稳定。当接近小籰内层时，由于内层丝条间的胶着力大，因此退解张力就大。如果络交装置、导丝圈等机件发毛，丝条与籰脚发生摩擦，均能引起张力瞬间增大，使丝条切断。所以丝条通过（接触）的机件必须保持光滑，同时要求小籰成形良好，没有压丝现象，这样才能使张力维持在一定范围内。

（三）大籰速度和产量

大籰速度是计算复摇产量的主要依据。籰速过慢，不仅生产效率低，干燥时间长，而且丝条张力小，丝片松散，花纹紊乱，增加织造中的切断。但籰速过快，丝条干燥困难，易产生硬边硬角丝。因此大籰的速度，应根据复摇机干燥能力、丝条纤度、丝片给湿程度以及与前后工序生产平衡等进行考虑。在生产中，一般是用测定络交杆的往复次数，再根据籰络速比来计算大籰速度，计算式为：

$$大籰速度（r/min）= 络交杆往复次数（次/min）×籰络速比$$

复摇机产量的计算式为：

$$产量（g/台时）= \frac{周长（r/min）×丝条纤度（旦）×每台片数（片）}{9000} ×运转率（\%）$$

由此可以推算出落一回丝所需时间，即：

$$落一回丝所需时间（h）= \frac{丝片标准重量(g) ×每台片数（片）}{产量(g/台时)}$$

在小籰丝片复摇时，需要对每只小籰摇纤度小样，对缫丝质量进行检查。

（四）留绪、编丝和大籰检查

为了保持大籰丝片原有的整形，使络丝时容易寻绪，丝条不紊乱，减少切断，将丝片的底面头结在一起，称为留绪。然后再进行编丝，方法是对丝面进行三插四编扎三方，也就是三孔四编，每隔一面（方）编丝一次，共三次。编丝时编丝针以 45°角插入，不要扎断丝条，结长不超过 2 cm。编丝完毕后，逐方检查是否有毛丝、横丝、双丝、断头以及沾污丝等各种疵点丝。然后松开活络籰脚，取下丝片，结上号带，放入丝箱内。

四、复摇可能产生的疵点及防止方法

（1）横丝。若复摇操作不慎，在丝片间易产生横斜交叉的丝条。为了防止横丝，复摇工应在开车前拉直丝条，确保丝条在络交钩内，然后开车。丝片中如有 1~2 根横丝，编丝时要及时接好，横丝多的需要进行整修处理。

（2）双丝。由于操作巡回不及时，丝条切断后被卷附于邻近的小籰丝条上，两根丝同时卷上大籰，形成双丝。缫丝时也会产生双丝。故缫丝和复摇均应加强循规律巡回，防止双丝。发现丝片上有双丝，编检工应立即去除。

（3）宽丝。宽丝是面紧底松或有几根丝特别松的丝片。这是由于大篗活络篗脚松动或没有全部伸出，小篗篗脚和防颏圈发毛，以及接头后没有拉直丝条而造成。复摇工上丝后应及时检查大篗运转是否正常，巡回检查丝条退绕是否顺利，寻绪时不可倒转大篗，接头时要绷头接结。单根宽丝由编检工处理，严重的应重新复摇整理。

（4）硬角丝。小篗丝片给湿过多，车厢温度过低或过高，都会形成硬角丝。防止方法是注意小篗丝片给湿规律，严格控制温湿度，防止硬角丝的形成。

（5）沾污丝。沾污丝产生的主要原因是络交传动齿轮箱加油过多，机油渗漏，机台不清洁、丝串倒放等，其中油污对丝质危害最大。防止办法是加油适量，上丝前仔细查看小篗有无沾污丝，注意擦干净机台和洗手上丝，防止沾污丝的形成。

（6）丝绞不匀。丝绞大小不匀主要是由缲丝所造成。小篗有沾污、切断时弃丝多，复摇双丝未能及时发现，也能造成丝绞不匀。防止方法是复摇工操作如发现上述情况，应做好厚薄丝片的搭配工作，防止丝绞不匀。

复摇疵点丝还有直丝、硬角丝、伤丝、缩丝、切断等。因此，操作过程应细致认真，减少和消灭疵点丝。

第二节　柞蚕茧的整理包装

一、整理包装的目的和作用

为了保证柞蚕丝的实物质量和品质指标，且便于运输和贮存，复摇后的丝片需进行整理包装，整理包装的目的如下。

（1）保证柞蚕丝的质量，保持一定的回潮率。

（2）按柞蚕丝色差进行分类包装。

（3）便于储存和运输。

二、整理包装工艺

整理包装包括绞丝、包装和配丝色等。整理包装是柞蚕制丝工作最后一道加工工序，直接关系到柞蚕丝品级的评定，除按成品检验要求进行整理包装外，丝绸联合厂还可采用简化的整理方法，即只绞丝和配色，不进行包装。

（一）绞丝

编丝后的丝片回潮率一般在 7.5%～8.5% 范围内。为了考核台时产量，提高实物质量和品质指标，应将丝片放置在温度 22～24℃，相对湿度 65%～70% 的条件下进行调湿，使其回潮率达到 10%～11%，进行绞丝。

目前柞蚕普遍采用的绞丝方法是手工绞丝，其优点是丝绞不易松散，且外形美观，但效率较低。手工绞丝工具有绞丝和绞丝竹管，且绞丝工器具表面要求光滑无毛刺，避免损伤丝条。绞丝钩固定在垂直于地面的木桩上，用以挂丝加捻。绞丝竹管的直径为 2.3~2.5 cm，长度为 20~22 cm，一端为平面，另一端有 60° 的斜头。

打绞时丝片的一端挂在绞丝钩上，另一端经趟丝后，穿在绞丝竹管上。将编丝留绪的结端放在右侧，且离挂丝钩 5~7 cm 处。绞丝的旋转转速（捻数）是根据柞蚕丝品种而定的，35 旦药水丝为 7~9 r，水缫大绞丝为 5~6 r，水缫小绞丝为 6~7 r。趟丝的目的是使丝片手感柔软、挺直，其次数应根据丝片篾角的软硬程度和丝条抱合情况而定，一般为 1~2 次反复。

绞丝后的丝绞应按丝色色差（不超过半级）分别放置。为避免丝片经趟丝后产生静电，妨碍绞丝操作，绞丝管不宜采用塑料管。

（二）包装

绞好的丝片，根据色差及重量差异，按规定包装打成小包。目前已采用机械打包来代替人工打包。成绞后准备打包的丝片如图 2-7-3 所示。

图 2-7-3　成绞后准备打包的丝片

打包机是由箱体、台面、前铰链、后铰链和传动机构组成。电动机通过皮带轮，使蜗杆蜗轮转动，从而使丝杆上升，借助箱体内的木质底板压缩箱内绞丝来完成打包动作。

箱体表面镀镍，箱内前后板和盖板都衬以坚韧、光滑的桤木。装丝绞前，先将三道捆扎用的棉线放在箱体绳槽内，然后将已搭配好的丝绞逐层装入箱内，所有丝绞的头端都朝同一方向。合上箱盖后，启动电动机，丝杆下降，直至丝包达到一定规格，关闭电动机，结好捆扎线，打开箱盖，取出丝包，再用包装纸包扎好。包装后的丝包，要逐一检查丝头情况，并用小丝钩修整绞面、绞角和绞边，使绞头整齐。

（三）配丝色

为了评定柞蚕丝的等级，对丝包进行配丝色。逐包调整，使包与包丝色接近，保证一批丝的丝色一致，色差稳定。配丝色后的丝包应及时储存在成品库内。

第三部分
柞蚕丝绸的设计与生产

柞蚕丝绸
织造篇视频

第一章 柞蚕丝绸的设计

课件

第一节 柞蚕丝绸的主要结构参数设计

一、柞蚕丝织物丝线的确定

1. 线密度的确定

柞蚕丝织物经纬丝线线密度的确定可采用经验法，即参考同类或类似风格织物的经纬丝线密度来确定；也可按厚度要求及结构进行计算。

2. 线型设计

不同规格的柞蚕丝原料决定了其织物的性质，但线型不同，织物的品质、外观、性能也会改变。经纬丝线常采用并丝捻丝工艺，在加工中不断改变丝线的线密度捻度、捻向、张力等，使其性能得到改善，以满足各种风格织物的需求，这就是线型设计。

按照一定规格生产的丝织原料远不能满足工艺设计的需求，常需要把数根丝线合并，即并丝。通过并丝工艺可以提高织物的单位面积质量，提高原料线密度均匀度，提高丝线强度，将两种以上原料进行复合，对于纬二重以上的织物使得纬起花隆起有浮雕感。生织绸工艺表示为：线密度×丝线根数+原料名称，如（22.2/24.4）dtex×2厂丝；色织绸工艺表示法为：线密度×丝线根数+原料名称+（色名）×并丝根数。

捻丝即丝线加捻，主要目的是增加丝线的强度和耐磨度，利于织造；利用加捻丝线的回缩力增加绉效应和弹性；削弱织物表面极光现象；增加经纬丝间的摩擦力，克服织物纰裂现象。捻丝工艺表示方法为：线密度×丝线根数+原料名称+带捻向的单位捻回数。

二、柞蚕丝织物经纬密度的设计

柞蚕丝织物经纬密度设计涉及的因素主要有原料的选用、丝线的线密度和捻度、织物的组织结构和产品的用途等几个方面。

三、柞蚕丝织物组织的选用

1. 地组织

地组织的选择应适当，以使织物外观和服用效果良好。因此，在决定地组织时应全面熟悉各种组织类型、结构特点等。

2. 边组织

边组织的设计要平整、整齐，利于织造、印染加工，且要配合地组织，以使边经和地经的织缩率基本一致。

第二节　柞蚕丝绸的规格与上机计算

一、匹长

目前，内销柞蚕丝产品成品匹长为 30 m 左右，外销印花坯绸以 45.7 m、36.6 m 为好，主要考虑印花台板的长度。织物的染整长缩率织造长缩率的确定，可根据同类产品的实测资料加以估计，或按一定的经验方法加以计算。

$$坯绸匹长(m) = \frac{成品匹长(m)}{1 - 染整长缩率}$$

$$整经匹长(m) = \frac{坯绸匹长(m)}{1 - 织造长缩率} = \frac{成品匹长(m)}{(1 - 染整长缩率) \times (1 - 织造长缩率)}$$

二、幅宽

1. 坯绸幅宽

$$坯绸幅宽(cm) = \frac{成品幅宽(cm)}{1 - 染整幅缩率}$$

2. 上机幅宽

$$上机幅宽(cm) = \frac{坯绸幅宽(cm)}{1 - 织造幅缩率} = \frac{成品幅宽(cm)}{(1 - 染整幅缩率) \times (1 - 织造幅缩率)}$$

$$= \frac{内经穿筘总齿数}{内经筘号} + \frac{边经穿筘总齿数}{边经筘号}$$

3. 筘幅的计算

筘幅由筘内幅和边筘幅两部分组成。

$$筘内幅（cm） = 成品内幅（cm） \times (1-幅缩率)$$

边筘幅设计视品种而定，一般不超过 1 cm。习惯上，素绸边幅控制在 0.5~0.75 cm，提花绸边幅控制在 0.75~1 cm。边绸与绸身一样也有一定的幅缩率，但因边幅小，密度大，结构紧密，幅缩率可忽略不计。

$$筘幅（cm） = 筘内幅（cm） +边筘幅（cm） \times 2$$

4. 幅缩率的确定

一般把织造生产的织缩与练漂产生的练缩折算成百分比，统称为幅缩率。计算式为：

$$幅缩率 = \frac{筘内幅 - 成品内幅}{成品内幅} \times 100\%$$

影响幅缩率的主要因素有原料、织物组织、经密及工艺加工方法等。

三、经纬组合的确定

主要根据产品的种类、风格特征、应用范围来确定。

四、经纬向密度

1. 经丝密度计算

$$坯绸经密（根/10\ cm）= 成品经密（根/10\ cm）\times（1-染整幅缩率）$$

$$= 成品经密（根/10\ cm）\times \frac{成品幅宽（cm）}{坯绸幅宽（cm）}$$

$$上机经密（根/10\ cm）= 坯绸经密（根/10\ cm）\times（1-织造幅缩率）$$

$$= 成品经密（根/10\ cm）\times（1-染整幅缩率）（1-织造幅缩率）$$

$$= 筘号 \times 10 \times 每筘穿入数$$

2. 纬丝密度计算

$$坯绸纬密（根/10\ cm）= 成品纬密（根/10\ cm）\times（1-染整长缩率）$$

$$上机纬密（根/10\ cm）= 坯绸纬密（根/10\ cm）\times（1-坯绸下机长缩率）$$

$$= 成品纬密（根/10\ cm）\times（1-染整长缩率）（1-坯绸下机长缩率）$$

五、总经根数

$$总经根数 = 内经根数 + 边经根数$$

$$内经根数 = 成品内幅（cm）\times 成品经密（根/10\ cm）\times \frac{1}{10}$$

$$= 钢筘内幅（cm）\times 上机经密（根/10\ cm）\times \frac{1}{10}$$

$$= 钢筘内幅 \times 筘号 \times 穿入数$$

$$边经根数 = 成品幅宽（cm）\times 成品边经密（根/10\ cm）\times \frac{1}{10}\times 2$$

$$= 每边穿筘齿数 \times 穿入数 \times 2$$

六、筘号的确定

筘号分内经筘号和边经筘号。筘号应结合织物的外观要求、组织结构、经线粗细、加工工艺等因素综合考虑。

$$内经筘号 = \frac{内经根数}{筘内幅 \times 穿入数}$$

$$边经筘号 = \frac{每边经纱根数}{每边筘幅 \times 穿入数}$$

七、穿综

综丝密度以考虑经线原料为主。

$$综丝密度 = \frac{每页综上的综丝数}{综框宽度（cm）}$$

$$每页综上的综丝数 = \frac{内经丝数}{每一穿综循环的经丝数} \times 每一穿综循环内穿入该页综的经丝数$$

$$综框宽度(cm) = 钢箆内幅(cm) + (1 \sim 2\ cm)$$

八、织物质量计算

1. 织物成品质量计算

$$全幅每米成品质量(g/m) = 每米成品经丝质量(g/m) + 每米成品纬丝质量(g/m)$$

$$每米成品经丝质量(g/m) = \left[\frac{内经根数 \times 线密度}{1000 \times (1 - 经丝长度总缩率)} + \frac{边经根数 \times 线密度}{1000 \times (1 - 经丝长度总缩率)}\right] \times$$
$$(1 - 质量损耗率)$$

$$每米成品纬丝质量(g/m) = \frac{成品纬密(根/10\ cm) \times 上机幅宽(cm) \times 线密度}{1000 \times 10} \times (1 - 质量损耗率)$$

2. 坯绸质量计算

$$每米坯绸质量(g/m) = 每米坯绸经丝质量(g/m) + 每米坯绸纬丝质量(g/m)$$

$$每米坯绸经丝质量(g/m) = \frac{内经根数 \times 线密度}{1000 \times (1 - 经丝织造长缩率)} + \frac{边经根数 \times 线密度}{1000 \times (1 - 经丝织造长缩率)}$$

$$每米坯绸纬丝质量(g/m) = \frac{坯绸纬密(根/10\ cm) \times 10 \times 上机幅宽(cm) \times 线密度}{1000 \times 10}$$

$$每平方米坯绸质量(g/m^2) = \frac{每米坯绸质量(g/m)}{坯绸幅宽(cm)} \times 100$$

$$每匹坯绸质量(kg) = \frac{每米坯绸质量(g/m) \times 匹长(m)}{1000}$$

上式中丝线线密度不同时，要分别计算。

九、原料含量

当织物中含有不同种类原料时，应分别计算含量。原料含量指织物成品中所用原料的质量比例。

$$甲原料的含量 = \frac{甲原料净质量 \times (1 - 质量损耗率)}{甲原料净质量 \times (1 - 质量损耗率) + 乙原料净质量 \times (1 - 质量损耗率)}$$

式中，净质量是指坯绸的质量。

十、用纱量计算

指投入原料的质量，包括加工过程中的质量损耗和回丝损耗。

$$每匹成品织物的某种原料用量 = \frac{每匹成品织物质量 \times 该原料含量}{(1 - 质量损耗率) \times (1 - 回丝损耗率)}$$

十一、丝织物设计实例

例：某蚕丝纺织品，产品规格为：内幅 114 cm，边幅 0.5 cm×2，匹长 29.7 m，经密 50.5 根/cm，纬密 39.6 根/cm，经丝为 31.1/33.3 dtex（1/28/30 旦）蚕丝，纬纱为 22.2/24.4 dtex× 2（2/20/22 旦）蚕丝，试进行规格设计与工艺计算。

解：参考类似产品选择：染整长缩率为1%，织造幅缩率为5%，质量损耗率为24%，织造长缩率为3.2%，经、纬回丝消耗量分别为0.4%、1%，不考虑坯绸下机长缩率，染整幅缩率。

1. 匹长计算

$$坯绸匹长 = \frac{29.7}{1-1\%} = 30（m）$$

$$整经匹长 = \frac{30}{1-3.2\%} = 30.99（m）$$

2. 幅宽计算

$$坯绸内幅宽 = \frac{114}{1-0} = 114（cm）$$

$$上机内幅宽 = \frac{114}{1-5\%} = 120（cm）$$

3. 经丝密度计算

$$坯绸经密 = 50.5 \times （1-0） = 50.5（根/cm）$$

$$上机经密 = 50.5 \times （1-5\%） = 48（根/cm）$$

4. 纬丝密度计算

$$坯布纬密 = 39.6 \times （1-1\%） = 39.2（根/cm）$$

$$上机纬密 = 39.2 \times （1-3.2\%） = 37.9（根/cm）$$

5. 总经丝根数计算

根据产品风格和密度情况，每筘穿入数为2根，则：

$$筘号 = \frac{48}{2} = 24$$

$$内经丝数 = 120 \times 24 \times 2 = 5760（根）$$

平纹织物边经密度为内经密度的1.5倍左右，取1.5，则：

$$边经丝数 = 0.5 \times 50.5 \times 1.5 \times 2 = 76（根）$$

取36×2根。

$$总经丝数 = 5760 + 72 = 5832（根）$$

6. 总幅宽计算

绸边采用12齿，每筘穿入6根，则：

$$每边筘齿数 = \frac{36}{6} = 6（齿）$$

$$每边筘齿宽 = \frac{6}{12} = 0.5（cm）$$

$$上机外幅宽 = 120 + 0.5 \times 2 = 121（kg）$$

7. 织物质量计算

（1）坯绸质量计算。

$$每米坯绸经丝质量=\frac{5832\times\frac{31.1+33.3}{2\times10}}{1000\times（1-3.2\%）}=19.4（g/m）$$

$$每米坯绸纬丝质量=\frac{392\times121\times\frac{22.2+24.4}{2\times10}\times2}{1000\times10}=22.1（g/m）$$

$$每米坯绸质量=19.4+22.1=41.5（g/m）$$

$$坯绸平方米质量=\frac{41.5}{114}\times100=36.4（g/m^2）$$

$$每匹坯绸质量=\frac{41.5\times29.7}{1000}=1.23（kg）$$

（2）成品质量计算。

$$每米成品经丝质量=19.40\times（1-24\%）=14.74（g/m）$$

$$每米成品纬丝质量=22.1\times（1-24\%）=16.80（g/m）$$

$$每米成品质量=14.74+16.80=31.54（g/m）$$

$$成品平方米质量=\frac{31.54\times100}{115}=27.43（g/m^2）$$

$$每匹成品质量=\frac{31.54\times29.7}{1000}=0.937（kg）$$

8. 用纱量计算

$$每匹成品经丝用量=\frac{14.74\times29.7}{（1-24\%）\times（1-0.4\%）\times1000}=0.60（kg）$$

$$每匹成品纬丝用量=\frac{16.80\times29.7}{（1-1\%）\times（1-24\%）\times1000}=0.66（kg）$$

$$每匹成品经纬丝用量=0.60+0.66=1.26（kg）$$

第二章 柞蚕丝绸的织造准备及织造

柞蚕丝绸的织造主要包括丝织准备和织造两大部分。

柞蚕丝的丝织准备是指将柞蚕丝织原料加工成能够上机织造的织轴和纡子的生产。准备工程质量的好坏，直接影响织造工程是否顺利以及成品质量的优劣。丝织准备的主要工序有：络丝前准备、络丝、并丝、捻丝、定绞、再络、整经、浆丝、穿结经以及卷纬等。

柞蚕丝绸的织造是将丝织准备部分的经纬两组丝线在织机上相互交织，制成符合一定规格要求的柞蚕丝织物，主要包括开口、引纬、打纬、送经、卷取五大运动。

第一节 柞蚕丝绸的织造准备

一、络丝前准备

（一）原料选检与使用

丝织物品种繁多，丝织厂原料用量很大。由于原料的种类不一，不同种类的纤维其性质特点各异，即使同一种原料，也因牌号批性质有差异。因此，丝织原料在投产之前必须进行选检。依据检验分档排队投料使用，以达到充分发挥原料性能，生产出质量好的成品的目的。

原料选检方法：应分清产地、牌号、批号、等级，不同产地、牌号、批号、等级有差异的原料丝，不得混用。使用原料的一般原则：选择强力、抱合等性能较好的丝作经丝，性能较差的作纬丝；织物质量要求高的、疵点不宜掩差的轻薄织物，用高档优质丝；秋茧丝大多作经丝，春茧丝大多作纬丝或熟织、加捻等用丝。一次投料的剩余原料，多数留作提花织物或加捻织物。在满足织物质量要求的前提下，尽可能做到低料合理高用，以降低成本。

（二）柞蚕丝原料预处理

1. 柞蚕丝的蒸丝

柞蚕丝的丝胶含量较少，一般品种所用的柞蚕丝原料不需要浸渍处理，而是作蒸丝处理，蒸丝是柞蚕丝绸必要的准备工序。柞蚕丝虽然也是天然动物纤维，但它的纤维分子结构松散，吸湿性强，容易伸长变形。蒸丝可使柞丝的伸长得到回缩，减少伸长不匀率，避免在准备织造各工序中因张力、温湿度、加工设备、操作技术等不适当而引起伸长过大和张力不匀，造成"亮经"或"亮纬"。蒸丝还能稳定柞丝的色泽，便于选配和使用原料，同时蒸丝也使丝身变软，消除硬块，改善加工条件。蒸丝所用的设备是蒸箱和蒸笼。蒸箱顶部呈"人"字形，使凝结水滴沿箱壁流下，防止滴落在丝条上造成水迹。具体方法是箱内装有移动式蒸丝架，可以推进拉出，使用时将绞丝均摊在架内的蒸布上，推入蒸箱，关闭箱门，打开蒸汽即可。柞蚕丝蒸丝工艺条件见表3-2-1。

表3-2-1 柞蚕丝蒸丝工艺条件

蒸丝量	50~60 kg
气压	$14.7×10^4$ Pa（1.5 kgf/cm^2）
时间	0.5 h
蒸后丝条回潮率	12%~15%
蒸后缩率	4%~6%

注 为做到蒸丝均匀，应先反把绞丝抖松，硬篾角要搓松。

（1）蒸丝的工艺要求。

①要蒸匀、蒸透，使回缩充分和均匀。蒸后的回缩率：水缥丝为4%~5%，药水丝为8%~9%。

②蒸后丝的烘干程度要一致，丝的含水率保持在干季为10%~11%，雨季为7%~9%。

③蒸后丝的强力和伸长不能降低。

④蒸后丝上不得产生水渍、色花和沾污等疵点。

（2）蒸丝的工艺参数。

①蒸丝量根据蒸丝缸的大小而定。蒸丝量太大，包得太紧则透气性差，不易蒸匀、蒸透，影响质量；蒸丝量太小，则产量低，一般一次蒸丝量以60 kg为宜。

②蒸汽压力和时间是影响蒸丝质量的重要因素。如蒸汽压力太大或时间过长，会影响丝的强伸力，甚至"蒸老"，使丝色变深手感硬脆，增加络丝断头率。如蒸丝蒸汽压力太小或时间太短则不易蒸透，达不到回缩要求，织物就会出现亮丝。蒸丝要求丝色均匀，手感松软。

蒸丝蒸汽压力和时间应根据原料种类、线密度、硬度、含碱量、季节等因素决定，常用的蒸丝蒸汽压力和时间，见表3-2-2。

柞蚕丝蒸丝后应立即将丝放在架上晾干散热10~20 min，并翻动2~3次，使散热迅速均匀，以免产生花色丝。晾丝后，将丝送入烘房烘干。烘房温度在40~50℃，相对湿度在50%以下。烘丝时间雨季为12~24 h，干季为2~4 h。烘后回潮率控制在雨季为7%~9%，干季为10%~11%。

表3-2-2 蒸丝的压力和时间

原料种类	蒸丝压力（Pa）	蒸丝时间（min）
柞丝水缫丝	29820	30
柞丝药水丝	29820	25

2. 柞蚕丝原料的选配

经过蒸丝可使缫丝复摇中产生的伸长得到一定的回缩，使卷曲增加，丝色变深，色泽差异和线密度不匀更加明显。为合理使用和选配原料，除少数丝色要求较高的品种采用蒸前初选外，一般在蒸后进行选配。柞蚕丝选配的主要目的为减小丝色深浅差异和线密度不匀。选配的方法为手感目测，也就是双手将绞丝绷紧，检查色泽和线密度的均匀情况，根据色泽深浅不同，分别堆放并作出标志，由深到浅或由浅到深逐步顺色使用，防止花经、花纬和色档等病疵的产生，以提高成品质量。

二、络丝

（一）柞蚕丝络丝的目的

（1）给柞蚕丝线以一定的卷装形式，供下道工序应用，并尽可能加大卷装容量，便于下道工序加工和提络丝时应尽量保持丝线原有的力学性能，提高生产效率。

（2）在柞蚕丝络丝过程中，去除丝线上的疵点，如颣节、双头和细股等，以提高丝线的品质。

（二）柞蚕丝络丝的要求

（1）柞蚕丝线应有一定的张力和卷装形式，在满足质量要求的前提下，尽可能加大卷装容量。

（2）柞蚕丝络丝的同时除去丝屑、颣节等，以提高丝的品质。

（3）柞蚕丝络丝时应尽量保持丝线原有的力学性能，如弹性、强力、伸长等。

（4）柞蚕丝络丝筒子的卷绕结构应尽量满足下道工序退绕轻快的要求，以获得高速效果。

柞蚕丝络丝卷绕机构可分为有边筒子络丝机构、无边筒子络丝机构和精密络筒机构等。近几年来，随着剑杆、片梭等高速织机的使用，各地配套引进生产了多种车速高、卷装容量大、张力均匀、自动化程度高的络丝机，如精密络筒机及轴向退解的高速络丝机等。按设备的型式分有单面单层、单面双层、双面单层和双面双层等；按锭子传动形式可分为无锭夹持式和有锭杆式；按锭子朝向可分为竖锭式和卧锭式；按退解方式可分为轴向退解和径向退解方式。

三、并丝

（一）柞蚕丝并丝的目的

柞蚕丝并丝是将两根以上的柞蚕丝线并合成一根股线的过程。常用的柞蚕丝大多为35旦，少数为25旦和70旦。在制织各种规格的丝织品时，经并丝工序使丝线达到一定的纤度，在有捻并丝过程中使丝线获得少量的捻度，增加抱合，利于下工序的使用。并丝的目的如下。

（1）根据丝织物品种规格的要求，将丝线并合成一定纤度的股线。

（2）在并丝过程中去除部分糙节、细丝和张力不均匀的疵点，提高丝条质量。

（3）提高丝线的均匀度。

（4）在并丝机上获得少量捻度，以便下道工序加工。

（二）柞蚕丝并丝的种类

并丝可以分有捻并丝和无捻并丝两种。有捻并丝在并合丝线时，可同时对丝线加一定的捻度。无捻并丝机只将丝线并合，并合后的股线无捻度。

（三）柞蚕丝并丝的要求

并丝时，并丝张力要适当，单丝张力要一致，以免产生宽急股（背股）病疵，合股后丝线要求圆整。丝线不圆整、不光滑，不但影响强力，而且造成绸面不光洁，同时要求并丝无少股、多股病疵，使股线细度、捻度达到工艺规定；成形良好，便于下道工序退解，在保证质量的前提下尽量增加容丝量，提高生产效率。

四、捻丝

（一）柞蚕丝捻丝的目的

（1）增加纤维的抱合，使丝线在织造过程中增加耐磨度，减少丝线起毛或断头。

（2）当捻度达到一定程度时，能增加丝线的强力，不但有利于织造加工，而且能增加织物牢度，减少起毛，增加弹性。

（3）当捻度超过一定程度时，织物能产生特有的绉效应，增加织物弹性和抗折能力，织物外观具有不同风格特色。

（4）丝线加捻后，表面积增加，利于散热，穿着舒适。

（5）采用特殊工艺、设备进行加捻，可制成毛圈线、疙瘩线或包芯线等花色捻线，增加织物的花色品种。

（二）柞蚕丝捻丝的要求

为确保成品质量和下道工序退解顺利，要求卷取筒子成形良好，捻度均匀，尽量减小捻度不匀率。要合理控制张力，防止过分拉伸。在符合工艺要求前提下，适当增大卷装，以减少结头和换筒。

五、定形

（一）柞蚕丝定形的目的和要求

定形俗称定捻，是丝线加捻后必经的一道工序。柞蚕丝线在加捻过程中受到外力作用，使其长链分子按加捻方向扭曲。加捻前，柞蚕丝线内的分子处于平衡状态；加捻时，外力会使丝线伸长和扭转变形，分子内部产生应力和不平衡的力偶。当捻丝处于自然状态时，在自身弹性的作用下就会产生退捻扭缩，不利于以后各工序的正常进行，而且影响产品质量。因此，加捻的柞蚕丝线都需要定形，以达到稳定捻度的目的。

柞蚕丝定形时，要求丝线的力学性能不受影响，特别是对其强力、伸长度、弹性没有损伤。同时还应考虑操作方便、节约时间以及经济等条件。

（二）柞蚕丝定形的原理和方法

柞蚕丝加捻丝线的定形原理就是通过加热、给湿等方法加速纤维的松弛过程，以达到稳定捻度的目的。定形的方法可以分为自然定形法、给湿定形法、加热定形法及湿热定形法四种。

1. 自然定形法

柞蚕丝自然定形是将加捻后的柞蚕丝线在常温下放一段时间，使纤维中的内应力随时间的延长而逐渐消失，从而稳定捻度。自然定形适用于低捻化纤丝，一般放置时间为1天左右。

2. 给湿定形法

柞蚕丝给湿定形是让水分子进入柞蚕丝纤维长链分子之间，扩大分子间距离，使分子间作用力减弱，以加速内应力松弛过程，达到稳定捻度的目的。给湿定形又分为潮间给湿和捻丝机上给湿两种。

潮间给湿是在专用室内进行，其地面上砌筑20~30 cm高的水沟，捻丝筒子堆放在上面，依靠水沟中的蒸发水分加速丝纤维的定形。要求室内相对湿度为80%~90%，放置时间为5~7天。此法多用于强捻丝线（如真丝）定形的补充。

捻丝机上给湿需加装给湿导辊和液槽，加捻丝线在卷取之前经过导辊吸取水分，然后卷取适用于中、强捻的丝品种。

3. 加热定形法

柞蚕丝加热定形是利用热能使分子动能增加，分子链间的振动加剧，大分子间作用力减弱，促使因加捻所产生的内应力减弱或消失，达到稳定捻度的目的。加热的方法可以分为外部加热和内部加热两种。外部加热是利用蒸汽或电热，使柞蚕丝线从周围的空气中获得热量；内部加热是利用红外线对丝线直接加热。红外线是不可见光，辐射能量高，穿透力强，在空气中的热量被吸收较少，因此加热速度快，定形效果好，且能节约能源。加热定形一般在烘房内进行。烘房内可设置蒸汽管、电热丝或远红外线发生器作为热源加热。烘房温度一般在40℃，时间16~24 h，适用于低捻柞蚕丝定形。

4. 湿热定形法

柞蚕丝湿热定形主要是直接利用蒸汽的热和湿进行定形。设备有卧式圆筒形蒸箱和立式矩形蒸箱。圆筒形蒸箱的热量在整个箱内分布均匀，定形较好。定形是在密闭状态下，蒸汽通往蒸箱底部的水中，在一定的温度、压力和时间条件下，使蒸箱中的捻丝筒子捻度稳定。

为了适应捻丝大卷装和真丝强捻织物以及合纤织物的需要，目前丝织厂主要采用高温定形箱。高温定形箱可以在真空状态下用蒸汽高温定形，也可以用干热高温定形。

高温定形箱为卧式圆筒形，是由两只钢板圆筒套合而成夹层圆筒。高温蒸汽根据需要可以同时进入定形箱和夹层内，内外两只钢筒都装有压力表、温度计、安全阀，蒸箱底部有进汽管和出水管，箱顶通真空泵。箱盖与箱体接触处嵌有橡胶条，既能密封，又能隔热。箱体外表面包裹 80~100 mm 厚的石棉水泥保温层，箱内壁涂有高温防锈漆。热湿定形时，应先将蒸箱预热至 40 min 后再将筒子推入，继续升温至规定温度进行定形。另外，蒸箱内应有导水板，同时在筒子上加盖白布，防止冷凝水滴下产生水迹。定形箱工作温度在 40~120℃，蒸汽压力在 $9.8×10^4$ Pa 以下，定形时间在 20~120 min。蒸箱定形的捻丝筒子内外层受热总是有差别的，丝线产生的收缩不一致，因此蒸箱定形后均应采用自然或潮间定形一段时间，以使定形效果更加良好。

六、整经

（一）柞蚕丝整经的目的

柞蚕丝整经的目的是把柞蚕经丝按织物规格要求的总经数幅、长度和经丝排列顺序，在一定张力的作用下均匀而平行地卷绕成经轴，供浆经或织造使用。用无捻或弱捻柞蚕丝作经丝时，整经后须经过浆经才能供织造使用。高捻柞蚕丝作经时，整经后可直接供织造使用。

（二）柞蚕丝整经的要求

（1）整经张力均匀，尽可能使张力保持不变无松紧经。

（2）经丝密度均匀，无压绞，以免造成压断头，或者经轴表面凹凸不平，造成松紧经。

（3）整经长度正确，匹印准确无误，使各绞长度一致，无长短经。

（4）遇断头时，要认真找清补接，无缺经。

（5）分绞清楚无漏绞。

（6）卷轴打底平整，小轴张力大些，以免松轴，衬纸均匀，使经轴保持圆柱形，以免退解时张力不匀。

七、浆经

（一）柞蚕丝浆经的目的

柞蚕经丝在织机上要承受较大的张力牵伸，即受到综丝和钢筘的多次摩擦作用，若用无捻或弱捻的柞蚕丝作经丝时，不能抵抗这些冲击作用，使外部纤维将逐渐折断而发毛，以致完全断裂。为了减少织机上的断头率，必须将无捻经丝和强力或抱合力差的经丝进行上浆，使纤维之间渗入部分浆液而增加抱合，并在丝线表面附上一层耐磨的浆膜，使丝线获得较大的强度，增加耐磨程度，并能防止织造中的静电、擦毛和断头，以保证织造的顺利进行和提高产品质量。

（二）柞蚕浆料的要求

（1）对纤维不起化学作用，不损伤丝条原有性能。

（2）应对纤维有较强的黏着力和成膜性。

（3）应有适当的黏度和渗透性。

（4）应稳定不变质、不腐败。

（5）成膜性要好，浆膜应柔软，不发黏，不易产生静电。

（6）精练时易于退浆，并对染色、印化等后处理无不良影响。

（7）选用浆料应来源广、成本低，调浆、上浆简单方便。

（三）对浆经工艺的要求

（1）浆液渗入均匀，表面浆膜不黏不脆，并耐摩擦。

（2）浆经张力均匀，伸长较小。

（3）上浆率适宜，不硬不起毛。

（4）干燥均匀，回潮率适当。

（5）容易退浆，并对染色、印花加工没有影响。

为了满足浆经工艺要求，浆液应具有黏着纤维和结成坚韧薄膜的能力，既柔软又不发枯，使用时不变质，不腐蚀，不沉淀，不浮油，又容易退净。浆经设备应具有退解装置、上浆装置、烘燥装置、卷取装置和传动变速机构。

八、卷纬

（一）柞蚕丝卷纬的目的

柞蚕丝卷纬是把加工好的柞蚕丝线，以一定的张力和卷绕方式卷在纬管上，成为纬穗，供有梭织机装入梭子内使用。

（二）柞蚕丝卷纬的要求

柞蚕纬穗的质量直接影响成品质量，也影响织造效率和回丝的多少。对柞蚕丝卷纬的要求如下。

（1）卷纬张力均匀，大小适宜。张力过小，在织造时会出现堆穗；张力过大，造成亮丝、断纬等病疵。因此必须按照工艺规定调节与控制卷纬张力。

（2）纬穗成形良好。呈圆锥形的交叉卷绕，粗细适宜，无螺纹和掉沟穗，使织造退解顺利。

（3）适当地加大卷装容量。在合理的张力范围内使其有一定的卷绕密度、直径和长度，以减少换梭次数，提高生产效率。

（4）除去柞蚕丝线粗细节、颣节等疵点，以提高丝线的品质。

第二节　柞蚕丝绸的织造

柞蚕丝织机种类很多，根据引纬方式，可分为有梭织机和无梭织机；根据经纱开口方式，可分为凸轮开口织机、连杆开口织机、多臂开口织机、提花开口织机、平型多梭口织机和圆型多梭口织机；根据可加工的织物幅宽的宽狭和织物单位面积重量的大小，又可分为宽幅织机、狭幅织机以及轻型织机、中型织机、重型织机等。柞蚕丝织物组织比较复杂，花色品种繁多，故在柞蚕丝织生产中，多臂开口和提花开口的丝织机采用最多，再配上多梭箱装置，可制织不同纬丝的复杂织物。

柞蚕丝绸是由织机通过开口、引纬、打纬、送经、卷取等机构的"五大运动"，在织机弯轴（主轴）回转一周的时间内作有机配合而形成的。典型的织机工作流程为：织轴上的经纱绕过后梁，经绞杆或经停装置后，在前方分成上下两层，形成梭口，引纬器将纬纱纳入梭口，然后上下层经纱闭合并进一步交换位置，同时钢箱将纬纱推向织口，使经纬纱相互交织，初步形成织物。织轴不断放送适量的经纱，卷取辊及时将织物引离织口，使织造过程持续进行。其中，开口、引纬和打纬三个运动是织机上直接参与织物形成的运动。

一、开口运动

开口运动是将织口至绞杆（或停经架）间的经丝分成上下两层，形成梭口的运动，便于投梭或导纬机构将纬丝导入梭口，再由打纬机构的钢箱把导入梭口的纬丝推向织口，使经纬丝在织口处交织成织物。完成开口运动的机构称为开口机构。开口机构的主要任务是根据所制柞蚕丝织物组织的要求，控制综框或综丝的升降次序，以便制织一定组织的丝织物。

柞蚕丝织物加工的织机常配用多臂开口机构或提花开口机构。目前，有梭织机仍占柞蚕丝织物加工织机的很大比例。在类型众多的无梭织机中，剑杆织机比较适应批量小、花色品种繁多的柞蚕丝织生产，并且剑杆对纬纱积极控制，引纬动作比较缓和，故在柞蚕丝织物加工中得到广泛应用。剑杆织机机型应选择加工轻薄型织物者为宜，织机常采用单后梁结构，其经纱张力感应部件对经纱张力变化比较敏感，送经调节灵敏度高，同时后梁摆动对经纱长度的补偿也较大，适合柞蚕丝织物的加工。

二、引纬运动

在织机上，引纬是将纬纱引入由经纱开口所形成的梭口中。通过引纬，纬纱得以和经纱实现交织，形成柞蚕丝机织物。由于梭口开启遵循特定的运动规律，有一定的时间周期，因此引纬应在时间上与开口准确配合，避免出现引纬器对经纱的损伤。引入的纬纱张力应适宜，避免出现断纬和纬缩疵点。

三、打纬运动

打纬运动是将导入梭口的纬丝推向织口，使经纬丝紧密地交织而形成柞蚕丝织物。完成打纬运动的机构称为打纬机构。柞蚕丝织物的幅宽和经丝密度由打纬机构钢箱确定。目前，织造生产主要依靠箱座机构进行打纬，箱座打纬机构有四连杆打纬机构和共轭凸轮打纬机构两种。四连杆打纬机构由于结构简单又能满足工艺要求，在有梭织机上得到广泛采用。

四、送经运动

在柞蚕丝织物织造过程中，将织轴上的经丝逐渐退解，送到织机的工作区域，补充形成织物所消耗的经丝长度，称为送经运动。完成送经运动的机构称为送经机构。

五、卷取运动

卷取运动是指将已形成的织物随时引离织口，绕到卷绸辊或卷取辊上，以保证织造工程连续进行，并使所制柞蚕丝绸具有规定纬密的运动。完成卷取运动的机构称为卷取机构。

第四部分
柞蚕丝绸的印染与整理

柞蚕丝绸
后整篇视频

第一章　柞蚕丝绸的印染前处理

第一节　柞蚕丝绸的脱胶

一、柞蚕丝绸脱胶原理

柞蚕丝绸脱胶是利用化学药剂配合力学作用，脱除坯绸上的丝胶杂质。柞蚕丝胶属于一种球形蛋白质，结晶度极低，遇到酸、碱等化学药剂和生物酶制剂的作用，形成腺、胨或氨基酸，最终溶解于水中。溶解过程通常分膨化和溶解两个过程。膨化过程是水分子大量渗入，使丝胶蛋白质大分子的极性结合键拉长，最后断裂，变成了易于分布到水中的小胶粒，为进一步溶解创造了条件。丝胶的溶解过程需要在适当的 pH 溶液里进行。这是因为丝胶属两性蛋白质，当脱胶溶液的 pH 大于丝胶的等电点（pH 在 3.5~5.2 时），小胶粒带负电荷，吸引着大量的水分子，于是在小胶粒外围形成了一层水化薄膜，随着负电荷的积聚，小胶粒的水化膜变厚，就会被大量的水分子拖到水溶液中去。因此 pH 越高，丝胶溶解量就越大。为了在脱胶中防止损伤丝素，应精确控制 pH。同时为加快丝胶杂质的溶解（脱落），并防止丝素受到损伤，必须添加高效能的表面活性剂。

二、柞蚕丝胶脱胶的特点

脱胶是柞蚕丝绸染整加工中的首要一环，脱胶质量不仅影响脱胶绸本身的质量，而且与后道工序漂白、染色、印花加工都有密切关系。由于柞蚕丝胶与丝素难以分离，无机成分与丝胶牢固结合，所以丝胶溶解性能降低、柞蚕丝的色素比桑蚕丝重，并且渗入丝素之中。因此，柞蚕丝绸脱胶远比桑丝绸困难，这是柞蚕丝绸脱胶的突出特点。

各种柞蚕丝织造的坯绸含有较多的杂质，尤其是干缫丝和特种工艺柞蚕丝织造的坯绸，杂质含量更多。除柞蚕丝本身固有的丝胶和非蛋白质成分外，丝织厂为了便于织造和减少织疵，在织造前进行了特殊处理，如经丝上浆以及织造中用蜡块涂擦经丝，致使坯绸上附着浆料、油蜡等杂质。这些杂质约占坯绸重量的 2%~3%。绸匹在运输、贮存中会沾上油、灰等污物。这些天然的和人为的杂质，不仅有损于柞蚕丝绸的美感，影响使用价值，而且由于其不易被水、酸、碱及染料溶液所润湿和渗透，妨碍印染加工。因此坯绸都必须进行脱胶加工，以去除各种杂质。

柞蚕丝绸经过脱胶，脱除丝胶以及天然或人为的杂质后，可以得到光泽柔和、手感柔软而有弹性，以及吸湿保暖性能优良的练绸。它是漂白加工前的优质半制品。此外，绸组织柞蚕丝绸经过脱胶加工后，可以获得丰满的皱纹和较好的绉效应。柞蚕丝绸脱胶必须符合下列要求。

（1）丝胶脱胶要适度，避免丝胶过多溶失，影响后部加工质量和成品绸的强力。

（2）尽量使无机物和其他杂质充分溶解和脱落。

（3）在脱胶中必须防止损伤丝素，不得使成品绸的力学性能受到影响。

为了达到以上所述的要求，必须慎重考虑和选择合理的脱胶工艺条件。

三、柞蚕丝绸脱胶前准备

（一）脱胶前准备的目的

坯绸虽经织厂出厂检验，但其质量并不完全一致，如匹与匹之间存在色差，有的坯绸还常常有可以修整的疙瘩、毛丝、油污渍（油纬、油经、油块）等疵点，都需在脱胶前给予处理，否则会影响产品质量。此外，柞蚕丝绸是采用挂练方法进行脱胶的，坯绸要经码绸（消除折痕）、钉线、标注班次和日期等一系列脱胶前的准备工作，才可脱胶。

（二）脱胶前准备的工艺

脱胶前准备工艺流程为：检验→挑剔分档→修整→ 洗油 →码绸→ 钉线（包括拴绳祥）→ 标注班次、日期。

1. 检验与分档

坯绸在丝绸厂确定等级后，印染厂需要重新复核验收，以便掌握坯绸质量状况，确定投产的工艺方法。随着生产的发展，坯绸由全部翻验改为抽样检查。抽查是在坯绸入库后进行的，主要抽查长度、幅度、制造质量与所定等级是否相符，有无损伤及油污等内容。坯绸进入车间后，在核对规格、数量的基础上，剔除严重油污和破损者（应退回仓库作调换处理），按投产工艺要求进行分档，即分为 15 匹、20 匹、25 匹等档次，每档的色泽要一致。对色泽差异较大的坯绸，要挑选剔除，单独进行脱胶。

2. 修整

坯绸表面要平整光洁，需逐页翻查，剔除疙瘩、毛丝、糙纬等疵点。

3. 洗油

洗油的目的是将坯绸上各种油污除掉，以提高脱胶绸质量，避免在染色、印花中产生疵点。遇有油经、油纬、油块、较小的油档子、灰沾等，用毛刷蘸洗油剂涂抹于污垢表面即可。严重的油污迹，除涂抹正反两面外，用双手的拇、食指捏住涂抹处两边的坯绸，轻轻搓洗，洗后要在清温水中荡涤几下。如仍有污垢者，应再涂抹少许洗油剂，留待脱胶。洗油剂的配方表见表 4-1-1。

表 4-1-1　洗油剂配方表

油剂	含量（%）
甘油	10

油剂	含量（%）
平平加 O	32
松节油	10
肥皂	1.2
水	46.8

遇有铁锈，应用草酸（$H_2C_2O_4 \cdot 2H_2O$）溶液或草酸晶体洗去。洗涤方法是先在有铁锈处蘸水，然后滴上几粒草酸晶体，慢慢揉搓，待其溶化后铁锈消失。洗后应在清温水中荡涤几下，以去除多余的草酸。

4. 码绸（挂码）

目前进厂的坯绸多数按 S 码法折叠。脱胶前，需要重新码绸（俗称倒码），以防原来码绸的折叠处产生折痕，即"码印"。对于易产生"码印"的柞蚕丝绸，需要把 S 码改为"圈码"。

5. 钉线（包括拴绳祥）

钉线、拴绳祥的目的是把坯绸穿上竹竿，悬挂在脱胶槽中。线环长度视坯绸厚度和幅宽而定，较厚和幅度较宽的坯绸线环应长些，便于绸页在煮练液中散开，提高脱胶效果。

6. 标注班次、日期

钉好的坯绸需要在距匹头 5 cm 处用黑墨写上品种代号、生产班组号、生产日期，当出现质量问题时便于查找原因，标记有时也用线钉在坯绸的边道上。黑墨能和柞丝蛋白质产生牢固的结合，虽经较重的脱胶、漂白也不易去掉。黑墨配方表见表 4-1-2。

表 4-1-2 黑墨配方表

成分	份数（份）
石碳粉	5
油溶性黑	1
米苏儿	1（夏天时加）

7. 退卷

部分坯绸以卷筒的形式进厂。卷筒的目的是防止生坯绸产生折印和码印。脱胶之前必须退卷。退卷工序是在洗油之前进行的，然后根据工艺要求码成 S 型或圈型。

经过以上几道工序准备好的坯绸，按档送至脱胶工段。

四、脱胶工艺

（一）皂碱法脱胶工艺

皂碱法是应用时间最久、最经济的脱胶工艺。它是将皂法脱胶和碱法脱胶结合在一起的脱胶工艺。

1. 作用原理

皂碱法脱胶是以肥皂为主要的脱胶助剂，辅以碳酸钠等助剂。肥皂和碳酸钠的作用是：一方面，肥皂在0.5%浓度以下水解很快，加入碳酸钠后可抑制肥皂水解，降低肥皂的水解能力，减少肥皂消耗量；另一方面，肥皂水解游离出的氢氧化钠，又能使脱胶液的pH下降缓慢，具有一定的缓冲能力。肥皂不耐硬水，而碳酸钠对硬水又有软化作用。

2. 皂碱脱胶工艺流程与工艺条件

柞蚕丝绸皂碱脱胶的设备为脱胶槽，工艺流程为：预处理→脱胶→热水洗（水煮）→（温水洗）→脱水→退圈码→缝头→酸洗。

（1）水缫柞蚕丝绸脱胶的工艺条件。

①预处理。机械缫丝的柞蚕丝绸预处理工艺条件见表4-1-3。

表4-1-3 机械缫丝的柞蚕丝绸预处理工艺条件

指标	参数值
碳酸钠（g/L）	2（续加量1）
温度（℃）	90
时间（min）	60
浴比	1∶30

注 碱液温度升高到90℃后泡绸，不得在绸匹入槽后升温和加碱。

②脱胶。柞蚕丝绸的脱胶剂以肥皂为主体，根据不同规格需添加少量的净洗剂、乳化剂及渗透剂等其他表面活性剂。水缫柞蚕丝绸脱胶工艺条件见表4-1-4。脱胶工艺要求为：要选用脂肪酸含量高的，游离氢氧化钠量低的肥皂。使用固体肥皂时应先切碎，用热水泡软后再加入槽内。脱胶槽中的水应先加碳酸钠沸煮片刻，除掉液面上的碳酸钙、碳酸镁。绸入槽后要及时翻动。

表4-1-4 水缫柞蚕丝绸脱胶工艺条件

指标	参数值
肥皂（g/L）	3~4（续加量0.5~1）
碳酸钠（g/L）	2~2.5
温度（℃）	98~100
时间（min）	120
浴比	1∶30

③热水洗。工厂里习惯称为"水煮"。在98~100℃下洗40 min，有时可加0.1~

0.2 g/L 的平平加 O（表面活性剂）。

④温水洗。若需漂白，可在 50~60℃ 下洗 15 min 后，将绸置入漂白槽。若脱胶成品绸，则需进行 2 次温水洗，第 1 次温度为 70~80℃，第 2 次为 40~50℃。

⑤脱水。采用离心脱水机脱水。脱水时将每匹绸折叠（三折或四折），然后对称置入脱水笼内。为了防止操作不当造成沾污，有时需要用布将绸匹包好后脱水。真空吸水因柞蚕丝绸所受张力较大，目前一般较少采用。脱水后的柞蚕丝绸含湿率要求在 60%~70%。

⑥退圈码。圈码退卷后才能缝接。退圈码有两种方式：一种是在水洗槽内平幅拖洗，使圈码展开，清除夹杂在绸匹内的沫迹和蜡剂沾污，然后分匹脱水或缝接后吸水；另一种是脱水后在退圈码架上进行。

⑦缝头。匹与匹缝接，便于进行酸洗、平幅水洗和干燥。

⑧酸洗。采用平幅水洗机酸洗，或在脱胶槽内吊挂酸洗（多用于圈码脱胶绸）。酸洗的目的是中和绸匹上的多余碱性物质，改善手感，增强光泽，产生丝鸣。常用的酸有硫酸（66°Bé）。酸洗温度为（45±0.5）℃，吊挂酸洗时间为 20~30 min。需漂白的柞蚕丝绸则应漂白后再酸洗。

酸洗后的柞蚕丝绸，除留一部分做整理中润绸的给湿体（俗称"润皮"）外，其余均送烘干机烘干。

（2）手工缫丝的柞蚕丝绸脱胶工艺条件。手工缫丝的柞蚕丝绸的丝胶含量较少，含杂量较多，因此与机械缫丝的柞丝脱胶工艺相比，除温度相同外，肥皂用量高 3.5~5.0 g/L，碳酸钠用量要低 0.5 g/L，其脱胶时间也应减少，一般为 60~90 min。浸泡、热水洗、温水洗、脱水、酸洗等工艺条件都与机械缫丝的柞蚕丝绸的脱胶工艺相同。

3. 皂碱法煮练的特点

应用皂碱法煮练有如下优点：

（1）就煮练成品绸而言，由于丝素吸附性能较强，煮练后仍有约 1% 的肥皂洗不掉而沾附在丝素上，提高了柞蚕丝绸的柔软滑爽而富有弹性的特性，光泽也较肥亮。

（2）皂碱法的工艺条件简便，便于掌握。

（3）肥皂、碳酸钠来源充足，价格便宜，生产成本低。

但皂碱法煮练仍然存在着一些弊端，一是肥皂能在水中和丝胶中的钙、镁离子结合，生成的钙、镁皂不仅降低肥皂的煮练效力，而且会在煮练液中析出，被柞蚕丝绸较多地吸附，影响柞蚕丝绸手感，对印染加工也带来不良影响；另外，肥皂不耐酸，酸能中和肥皂水解产生的氢氧化钠，使脂肪酸析出。

（二）酶脱胶工艺

自然界中存在着各种酶，有动物性酶、植物性酶、微生物酶等；按酶的作用基质不同，又可分为蛋白质酶、淀粉酶及脂肪酶等。丝胶是一种蛋白质，适用的酶是蛋白酶。蛋白酶又有胰蛋白酶（动物性酶）、木瓜朊酶（植物性酶）、细菌蛋白酶（微生物酶）等。柞蚕丝绸脱胶常用细菌蛋白酶，又分为碱性蛋白酶、中性蛋白酶和酸性蛋白酶。在柞蚕丝绸脱胶中，比较常见的是碱性蛋白酶。

1. 酶脱胶工艺流程

酶脱胶的工艺流程：预处理→水洗→酶脱胶→水洗→皂煮或漂白。

若是脱胶成品绸，需在轻微皂煮后再进行脱水，缝头及后整理；若是漂白坯，则水洗后可以不进行皂煮。

2. 酶脱胶工艺条件

（1）预处理（表4-1-5）。

表4-1-5　预处理工艺条件

指标	参数值
碳酸钠（g/L）	1
温度（℃）	80~90
时间（min）	60

（2）水洗（表4-1-6）。

表4-1-6　水洗工艺条件

指标	参数值
温度（℃）	40~45
时间（min）	30

（3）酶脱胶（表4-1-7）。

表4-1-7　酶脱胶工艺条件

指标	参数值
碱性蛋白质（4万活力单位/g）（g/L）	1~2
加碳酸钠调节pH	9~10
温度（℃）	40~45（或47±2）
时间（min）	60~90

注　酶制剂的续用次数为一次，补加量为1/2。

（4）热水洗（表4-1-8）。

表4-1-8　热水洗工艺条件

指标	参数值
温度（℃）	80~90
时间（min）	20~30

注　待漂白的柞蚕丝绸需要再以50~60℃热水洗15 min。

3. 酶脱胶特点

在以蛋白酶水解蛋白质的过程中，酶分子所需要的激动能（即催化酶活力所需能量），比无酶状态下要小很多。因此，酶脱胶具有脱胶温度低、耗能少、劳动强度低以及能减少擦伤、皂沫沾疵点的优点，而且有利于发挥柞蚕丝绸光泽柔和、手感柔软、厚实，绸而平整的特点。对于提高柞蚕丝绸的内在质量，还有以下几点。

（1）丝纤维的断裂强力较大。经蛋白酶脱胶的柞蚕丝绸，其断裂强力比皂碱脱胶的平均高 10%~14%，表明酶脱胶对丝纤维的损伤很轻。

（2）毛细效应好。酶脱胶的柞蚕丝绸，其毛细效应平均比皂碱脱胶高 8%~10%。这对染色、印花有利。

（3）泛黄程度降低。经皂碱脱胶的柞蚕丝绸泛黄程度较重，脱胶时的碱性越高、时间越长、泛黄现象就越重。用酶脱胶，泛黄程度则明显减轻。如在同样工艺条件下漂白，采用酶脱胶的柞蚕丝绸泛黄程度也轻。此外，由于酶脱胶可在较低的温度下进行，又可以在 30 min 时间内基本完成脱胶任务，为柞蚕丝绸实现平幅连续化脱胶创造了条件。

第二节　柞蚕丝绸的漂白

一、柞蚕丝绸漂白的目的

柞蚕丝绸色素含量高，不仅存在于丝胶层，还牢固地结合在丝素中，难以分离去除。柞蚕丝绸经脱胶只能去除部分色素，仍呈淡黄褐色，不能显示出柞蚕丝纤维本质的美。如果用这种淡黄褐色的练绸进行染色、印花，就无法得到绚丽的色彩和柔和的光泽。因此，柞蚕丝绸一般都需要经过以使用氧化剂为主的漂白工程，当对白度有更高要求时，也有在氧漂后再进行还原漂白的。实践证明，漂白后的柞蚕丝绸，无论练减率或毛细效应等指标，都比练绸有较大幅度的提高。

二、柞蚕丝绸漂白原理

漂白剂对柞蚕丝绸的漂白原理，基本上和其他纤维制成的纺织品一样，都是利用氧化或还原反应的原理，使有色的有机物变性而消色。对于白度要求特高的柞蚕丝绸，除氧化漂白、还原漂白之外，通常还采用荧光增白剂来增加白度。

三、柞蚕丝绸漂白要求

湿态下的柞蚕丝极易伸长变形，伸长率可高达 51%（桑蚕丝为 29.3%），所以柞蚕丝绸在漂白、脱水、干燥等过程中，要特别注意掌握环节的张力，使其尽量减小。因此，柞蚕丝绸的漂白，大多像脱胶一样以悬挂方式进行，水洗后在无张力或张力较小的条件下进行干燥。

由于柞蚕丝的吸附力较强，容易吸附电解质，因此对漂白过程中的水质要求比较高，尤其是水中铜、铁、锰盐的含量，更要严格控制。铜、铁、锰盐不仅易使柞蚕丝绸吸附变色，影响漂白效果，增加漂白剂还会使绸匹过漂，使强力显著下降。一般要求水中的铁、锰盐的含量不得超过 0.0001 g/L。漂液中存在少量钙、镁离子，对过氧化氢有稳定作用，有利于漂白。

为提高柞蚕丝绸漂白质量，宜采用温和的漂白条件，即低浓度、低温度和长时间。柞蚕丝绸的漂白质量，直接影响染色、印花及成品绸的性能，因此漂白时要力求做到白度与内在质量的统一，需达到下列要求：经过漂白的柞蚕丝绸应有足够的强伸度，必须根据不同规格、品种、加工对象，选择相应工艺条件和漂白方法；漂白后的柞蚕丝绸，以淡雅微黄色为准，色泽要求均匀，手感柔软、滑爽、有丝鸣感；供印染加工的漂白绸，应有较好的毛细效应，以提高染色、印花时的吸色能力；柞蚕丝漂白绸基本上应无伸长变形，保持织物原有的风格特点。

四、柞蚕丝绸用漂白剂

用于织物漂白的漂白剂种类很多，按化学反应类型分，有氧化漂白剂和还原漂白剂两类，而氧化漂白剂，又有含氯漂白剂和过氧化物漂白剂两类。由于柞蚕丝绸是蛋白质纤维，和其他蛋白质纤维一样，不可使用含氯漂白剂，如漂白粉、次氯酸钠、亚氯酸钠等。主要是因为它们不仅对丝素有氧化作用，更由于氯离子的存在，使柞丝纤维变色，白度降低，强力锐减。还原漂白剂用得较少，主要是漂白效果差，漂白后的织物经自然氧化又能恢复原色。实践证明，过氧化物漂白剂在柞蚕丝绸漂白加工较为理想，尤其以过氧化氢漂白剂为最佳，其他过氧化物漂白剂（如过硼酸钠、过氧化钠等），一般为过氧化氢漂白剂的代用品。本书重点介绍两种柞蚕丝绸漂白常用的漂白剂。

（一）过氧化氢

过氧化氢是一种适用于各种纺织品的氧化漂白剂，在柞蚕丝绸漂白中广为应用。过氧化氢漂白柞蚕丝绸具有除杂能力强、操作简单、容易控制，可用于连续漂白或间歇漂白，在有强碱和稳定剂存在的条件下，还可实行练漂同浴工艺。过氧化氢漂白的产品，白度良好，色光纯正。过氧化氢漂白过程对环境无污染。

H_2O_2 为无色透明水溶液，工业用 H_2O_2 浓度一般为 30% ~ 35%，当浓度高达 90% 时，易引起爆炸。H_2O_2 在弱酸性条件下较稳定，在碱性条件下易分解，放置过程中会分解放出氧气：

$$H_2O_2 \longrightarrow H_2O + \frac{1}{2}O_2 \uparrow$$

H_2O_2 是一种弱的二元酸，在水溶液中可按下式电离：

$$H_2O_2 \rightleftharpoons H^+ + HO_2^- \quad K_1 = 1.55 \times 10^{-12}(20℃)$$

$$HO_2^- \rightleftharpoons H^+ + O_2^{2-} \quad K_2 = 1.0 \times 10^{-25}(20℃)$$

HO_2^- 又是一种亲核试剂，具有引发过氧化氢形成游离基和氧的作用：

$$H_2O_2 + HO_2^- \longrightarrow HO_2 \cdot + HO \cdot + OH^-$$

或
$$H_2O_2 + HO_2^- \longrightarrow H_2O + HO \cdot + O_2$$

或
$$H_2O_2 + HO_2^- \longrightarrow HO\cdot + H_2O + \cdot O_2^-$$

初生态氧也可与色素中的双键发生反应，产生消色作用。因此，HO^{2-} 是起漂白作用的主要成分，另外，游离基也能破坏色素。H_2O_2 在漂白过程中除了对天然色素有破坏作用外，同时也会使纤维氧化而受损，因此在漂白过程中要有效地控制 H_2O_2 的分解速率。

为了控制过氧化氢分解，使其充分在被漂物上发生作用，需在漂白时添加稳定剂。过氧化氢稳定剂种类很多，一般分为螯合剂和吸附剂两种，能螯合或吸附金属氢氧化物以减轻它们对过氧化氢催化的分解作用。目前应用最广泛的稳定剂是硅酸钠，稳定效果好，价格低。此外还有焦磷酸钠、有机磷酸盐、乙二胺四醋酸（EDTA）、氧化镁、酒石酸、硬脂酸钙、硬脂酸镁等，其对过氧化氢都有不同程度的稳定效果。

（二）二氧化硫脲

二氧化硫脲又称为甲脒亚磺酸，是一种用过氧化氢氧化硫脲而制得的氧化的硫脲衍生物。在碱性或加热条件（$T>50℃$）以下列结构存在，如图 4-1-1 所示。

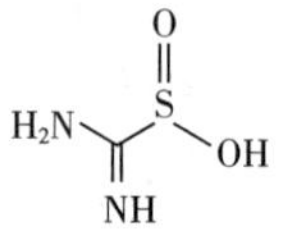

$$\begin{array}{c} O \\ \parallel \\ H_2N - S - OH \\ \mid \\ NH \end{array}$$

图 4-1-1　二氧化硫脲结构式

纯的二氧化硫脲是白色、无毒无味粉末。二氧化硫脲是一种较强的还原剂，既无氧化性，又无还原性，但在碱性水溶液中能分解出具有强还原性的次硫酸，其反应式如下：

$$(NH_2)C\cdot SO_2 \xrightarrow[H_2O]{加热} (NH_2)(NH)CSO_2H \xrightarrow{H_2O} (NH_2)_2CO + H_2SO_2$$
　　二氧化硫脲　　　　　甲脒亚磺酸　　　　　尿素　　次硫酸

二氧化硫脲的还原电位约为 $-1200\ mV$，比其他还原剂的还原电位高很多。二氧化硫脲还原电位的高低与温度和水溶液的碱性有关，温度越高，碱性越强，则其还原电位也越高。因此，二氧化硫脲可用于染料的脱色及蛋白质纤维的漂白。

五、柞蚕丝绸漂白工艺

（一）过氧化氢漂白工艺

过氧化氢漂白工艺有精练槽漂白、平幅气蒸漂白和冷轧堆漂白等多种方式，具体采用哪种工艺，应根据设备条件和织物品种而定，目前采用的主要方式是，在不锈钢槽中挂漂。

一般柞蚕丝绸漂白的工艺流程与条件，见表 4-1-9；柞丝纺、桑柞双绉漂白—增白的工艺流程与条件，见表 4-1-10。

表 4-1-9　一般柞蚕丝绸漂白的工艺流程与条件

流程	工艺条件	织物规格			
		柞丝纺	柞丝印染坯绸	鸭江绸	桑柞交织绸
		D5001	D4158	D2300	D4158
		D5023	D5023	D2305	D4517
		—	D5001	D2081	D4553
漂白	过氧化氢（28%~30%）（g/L）	10~12	14~16	20~22	6~8
	硅酸钠（40°Bé）（g/L）	4	3~4	4~5	2~3
	温度（℃）	60~85	60~80	60~90	60~70
	时间（h）	10~12	4~6	3~4	2~3
	pH	9~10	9~10	10~10.5	8.5~9
	浴比	1:30	1:50	1:30	1:40
热水洗	温度（℃）	80~85	80~85	85~90	70~75
	浴比	1:30	1:50	1:30	1:40
	次数	2	2~3	2~3	2~3
温水洗	温度	40~50	40~45	40~45	50~55
	浴比	1:30	1:50	1:30	1:40
	次数	1	1	1	1

表 4-1-10　柞丝纺、桑柞双绉漂白—增白的工艺流程与条件

流程	工艺条件	织物规格	
		柞丝纺	桑柞双绉
		D5023	D13007
漂白	过氧化氢（28%~30%）（g/L）	14~16	8~10
	硅酸钠（40°Bé）（g/L）	4~5	2~3
	温度（℃）	60~85	60~80
	时间（h）	6	2
	pH	10~11	9~10
	浴比	1:40	1:50
水洗	温度（℃）	80~85	70~75
	次数	2	2

续表

流程	工艺条件	织物规格	
		柞丝纺	桑柞双绉
		D5023	D13007
增白	雷可福 WS（g/L）	0.15~0.25	0.1~0.2
	匀染剂 O（g/L）	0.2	0.1
	温度（℃）	70~80	70~80
	浴比	1:60	1:50
水洗	温度（℃）	40~45	40~50
	次数	1	1

在漂白、增白或水洗过程中，为了使作用均匀，加料后必须按时搅拌和升温。绸匹入槽后要迅速进行掀，抬（或吊），搅拌 2~3 次，以后每隔 15~20 min 逐匹掀动一次，30 min 左右逐匹抬举，倒拌一次。每次掀动绸匹时，都要首先清除液面浮渣。特别是在漂白过程中，要随时注意绸匹的漂浮现象。一旦发现绸匹漂浮，要立即掀动或抬举绸匹，使其下沉，严禁用棒或竹竿捅绸，以免造成绸匹磨白或局部扒伤（经、纬线滑移）。绸匹入槽 3 h 后（即升到最高温度 1 h 后），可适当减少掀抬操作的次数。

（二）过氧化氢与二氧化硫脲两浴漂白工艺

二氧化硫脲漂白柞蚕丝绸，其白度效果不及氧化漂白剂且易泛黄，所以很少单独使用。目前，大多柞蚕丝绸在氧化漂白之后再进行还原漂白时用二氧化硫脲，进一步提高织物白度，使成品泛黄较轻。

在柞蚕丝绸漂白中，采用过氧化氢和二氧化硫脲两浴法的漂白工艺，漂白效果较为理想。但在漂白过程中，两种漂白过程的先后顺序和漂白效果有很大关系。实践表明，氧漂先于还原漂，与还原漂先于氧漂相比，前者的白度比后者高 4% 左右。若采用还原漂—氧漂—还原漂工艺，所得的白度比不经第二次还原漂者要高 5% 以上。但氧漂前的还原漂白，一般都是和脱胶结合同时进行的。

柞丝纺（D5001）氧化—还原的漂白工艺流程与工艺条件如下：脱胶→水洗→过氧化氢漂白→水洗→二氧化硫脲还原漂白→水洗。

1. 脱胶（表 4-1-11）

表 4-1-11　脱胶工艺条件

指标	参数值
中性肥皂（g/L）	4
硅酸钠（40°Bé）（g/L）	2.6

指标	参数值
二氧化硫脲（g/L）	0.5
EDTA（g/L）	0.33
温度（℃）	97~98
时间（min）	150
浴比	1:40
水洗（℃）	60~70（洗两次）

2. 过氧化氢漂白（表4-1-12）

表4-1-12 过氧化氢漂白工艺条件

指标	参数值
过氧化氢（30%）（mL/L）	14~16
焦磷酸钠（g/L）	5
EDTA（g/L）	0.33
温度（℃）	70~80
时间（h）	6
浴比	1:40
水洗（℃）	60~70（洗两次）

3. 还原漂白（表4-1-13）

表4-1-13 还原漂白工艺条件

指标	参数值
二氧化硫脲（g/L）	0.5
EDTA（g/L）	0.33
硅酸钠（40°Bé）（g/L）	0.6
pH	5~7.5
温度（℃）	75~85
时间（min）	60
浴比	1:40
水洗（℃）	70（洗两次）
	35~40（洗一次）

脱胶与过氧化氢漂白操作相同。还原漂白时，应先在漂槽中加入螯合剂（EDTA），然后加二氧化硫脲，接着迅速将绸匹投入槽内进行漂白。不管进行何种漂白，都要按工艺要求对绸匹进行松动、倒袢、起吊（或抬举），防止漂白不匀。

第三节　柞蚕丝绸的过酸和脱水

一、柞蚕丝绸过酸

（一）柞蚕丝绸过酸的作用

过酸是柞丝漂白绸的最后一道工序。绸匹经漂白后，都需经过水洗，以去除绸匹上的沾污、皂沫和未起作用的药剂。事实上，水洗后的绸匹上仍残留少量的皂沫和碱性物质（如碳酸钠、硅酸钠等），如果漂白后立即脱水、干燥，其手感、光泽不佳。因此，必须经酸处理，剔除这些杂质，使绸匹略偏酸性，手感柔软，光泽饱满，丝鸣增强，白度也有所提高。

柞蚕丝绸过酸时使用的酸类，有蚁酸、醋酸、乳酸、草酸等有机酸和以硫酸为主的无机酸。其中以醋酸、乳酸的过酸效果为最佳；硫酸的过酸效果虽不及有机酸，且易使绸匹带红光，但为降低生产成本，也常用硫酸。

（二）柞蚕丝绸过酸的工艺

（1）挂绸过酸。硫酸处理柞蚕丝绸的工艺条件见表4-1-14，醋酸处理工艺条件见表4-1-15。

表4-1-14　硫酸处理工艺条件

指标	参数值
硫酸（66°Bé）（mL/L）	0.3~0.5
温度（℃）	室温
时间（min）	10~15
浴比	1∶（80~100）

表4-1-15　醋酸处理工艺条件

指标	参数值
冰醋酸（mL/L）	1~2
温度（℃）	30~40
时间（min）	20~25
浴比	1∶（40~60）

挂绸过酸最易产生吃酸不匀，尤其以硫酸处理为突出。因此，须在过酸前将酸加入槽内搅拌均匀方可入绸。绸匹投入后应立即反复抬绸、掀动，使其吃酸均匀，然后用温水洗一次。过酸槽中的续用酸量，应根据测定情况进行补充。

（2）平幅过酸。平幅过酸处理中要严防绸匹打绺，产生吃酸不匀。过酸前后的温度、车速和酸槽浓度要保持一致，以免影响过酸效果，酸槽的续加酸量应根据测定结果加以补充，工艺条件见表4-1-16。

表4-1-16　平幅过酸工艺条件

槽号	硫酸（66°Bé）（mL/L）	冰醋酸（mL/L）	温度（℃）	车速（m/min）	轧余率（%）
重厚柞蚕丝绸					
1	—	—	85~90	15~20	85~100
2	—	—	80~85		
3	—	—	80~85		
4	1.5~2	2~3	80~85		
5	—	1~2	60		
轻薄柞蚕丝绸					
1	—	—	85~90	30~35	85~100
2	—	—	85~90		
3	—	—	85~90		
4	0.5~1	2~3	80~85		
5	—	—	55~60		

二、柞蚕丝绸脱水

由于过酸绸匹的含水量较多，直接干燥会使手感粗糙，并浪费大量热能。因此，在干燥前脱水，去除多余水分。脱水方式有离心脱水、真空吸水、轧水三种。

1. 离心脱水

离心脱水是靠离心脱水机高速旋转所产生的离心力将水分去除的脱水方法。绸匹经离心脱水后，其含湿率为80%~100%。根据绸匹品种规格决定装绸数量和脱水时间，防止脱水过度，造成皱印。

2. 真空吸水

真空吸水是利用真空泵使绸匹通过吸口时表里两面产生压差，从而实现脱水。真空吸水时，要做到绸匹平整入机，防止打折，成绺，避免吸水不均匀或纰裂疵点。

3. 轧水

轧水脱水方法主要分为平幅轧水和绳状轧水两种。平幅轧水是通过让绸匹通过一对软、硬轧辊组成的轧点，轧去织物中的水分，达到去除水分而不损伤绸面的目的，该法适用于不能采用离心脱水机脱水的、易起皱的织物，如真丝斜纹绸、电力纺、缎类丝织物等；绳状轧水则适合于轻薄、绉类丝织物，该法通常与打卷连在一起进行，适用于轻薄、绉类丝织物。

第二章　柞蚕丝绸的染色

课件

第一节　柞蚕丝绸的染色原理

一、柞蚕丝绸染色基本原理

柞蚕丝绸染色同其他纤维织物染色一样，都是使染料通过溶媒（一般指水，只有在溶剂染色时使用有机溶剂）与纤维发生物理或化学的结合，或者用化学方法在纤维上生成色淀染料，从而使织物具有一定的色泽。在染色过程中，织物不仅改变其原有的颜色，形成各种均匀的色泽，并具有一定的坚牢度和实用价值。

随着染色物理化学的发展，尤其是通过对纤维结构性质和染料浴液性质的研究，在各类染料的染色原理和染色工艺上，柞蚕丝绸的染色过程大致都可以分成吸附、扩散和固着三个阶段。

1. 吸附

由于丝纤维和染料都是大分子，分子上还含有各种基团，溶解于水的染料通过分子间引力、静电引力和键能等，被吸附在纤维的表面，然后逐渐达到吸附平衡，这一过程所需的时间与染料对纤维的亲和力、染液浓度、不同类型的电解质的加入都有关系。如染料与纤维之间的亲和力大，染液浓度高，电解质的加入及其数量的增加，都有利于吸附过程的进行，并影响着始染速率。

2. 扩散

由于柞蚕丝大分子无定形区内有许多孔隙、被水浸润时膨化，致使吸附在纤维表面的染料凭借浓度梯度作用向纤维内部扩散，直至纤维各部位的染料浓度均匀一致。因此，染料的扩散可以说是一种染料在纤维内部的浓度平衡过程，整个染色过程所需时间大部分被该过程所占用。染料在纤维内部的扩散用扩散速率表示，与温度有着较大的关系。

3. 固着

染料在纤维内部的固着原理，随染料和纤维的不同而异。一般来说，染料在纤维上的固着分为三种类型。

（1）纯化学性的固着。染料与纤维通过化学反应固着在纤维上。

（2）物理化学性的固着。这种性质的固着是通过纤维分子与染料分子之间的互相吸引及氢键的形成而产生的。

（3）纯物理性的固着。在一些纺织纤维上存在着许多易电离的基团。染色时，这些基团发生电离而带有电荷，当带有与纤维所带电荷相反的染料离子同纤维接近时，即产生静电引力，生成离子键而相互结合。由于染料分子含有多种能与纤维相互作用的基因，所以上述各种力的作用往往是同时存在的。不过，在某类染料染某种纤维时，常以一种力的结合为主。就直接染料对纤维素纤维的吸附而言，起主要作用的是氢键和范德瓦耳斯引力，而酸性染料对蚕丝纤维的染色却以离子键结合为主。

二、柞蚕丝绸染色特点

柞蚕丝具有多孔，其微细纤维的集合紧密度较差，受到摩擦时，表面微细纤维易漂浮出来，导致柞蚕丝绸在染色加工过程中容易造成磨白、擦伤、起毛等疵点。同时，纤维表面比较粗糙，整齐度较差，染色后的绸匹表面色泽不纯正，有时呈粒状色（貌似染色不匀）。柞蚕丝中的色素，虽经漂白处理，仍具有独特的乳黄色。由于存在这种黄色色调，致使染色绸匹的色泽艳度较差，如蓝色中总带有黄调而成绿光，二次色都带有灰调，因此柞蚕丝绸的染色鲜艳度要比桑蚕丝绸差得多，一般以染暗色调为宜。

柞蚕丝因其结构的关系，反射光的性能较差，因此在用同量染料、相同条件染色时，其得色量要比桑蚕丝浅得多。

第二节　柞蚕丝绸的染色工艺

本书重点介绍柞蚕丝绸染色常用的酸性染料和金属络合染料。

一、酸性染料染色原理

丝素在 pH 为 3.5~5.2 的溶液中处于等电状态，随染浴 pH 不同，丝纤维表现出的电离性质也不同。在弱酸性条件下，酸性染料可以与丝纤维分别以离子键、氢键或范德瓦耳斯力的结合方式而上染于纤维。弱酸性染料染色时，染液 pH 可控制在 4~5.5，呈酸性或中性。由于染浴 pH 在等电点附近，有时甚至超过丝素等电点，所以染浴中没有足够的氢离子使丝纤维带正电荷，却呈中性或带有阴电荷。因此，在柞蚕丝纤维与染料的结合过程中，范德瓦耳斯力和氢键起着重要作用。

二、酸性染料染色方法及工艺

柞蚕丝绸的酸性染料染色，目前以绳状染色机染色和卷染机染色为主，也有采用方形架浸染或溢流染色机染色，应根据织物的种类和风格要求而定。一般轻薄型平素柞蚕丝绸，如柞丝纺（D5023）、桑柞纺（D4518）以及绉类织物等，主要在绳状染色机上染色。厚重柞蚕丝绸，如鸭江呢（D2305）、罗纹呢（D81033）或缎纹组织织物等，则以卷染机染色为主。特殊风格或绸面有特殊要求者，如花线绸（D77113、DB2099）及丝绒类织物，则以方形架浸染为主。

（一）绳状染色

平素柞丝纺（D5023）在绳状染色机上的典型染色工艺如下。

（1）前处理。绸匹先在 40℃温水中运转 10 min，然后加入磷酸三钠 2 kg，雷米邦 A 1.5 kg 并加热至沸，继续运转 30 min，再放水，使绸面 pH 约为 7。

（2）染色。弱酸性浴染绿色，其染色升温曲线如图 4-2-1 所示，染色工艺参数见表 4-2-1。

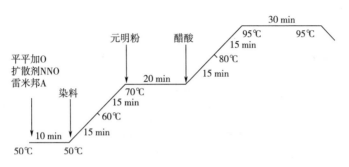

图 4-2-1　绳状染色升温曲线

表 4-2-1　绳状染色工艺参数

弱酸艳蓝 5GM（%）	X（对织物重）
弱酸黄 3GS（%）	Y（对织物重）
平平加 O（%）	0.2（对织物重）
扩散剂 NNO（%）	1（对织物重）
雷米邦 A（%）	0.8（对织物重）
元明粉（g/L）	1.5
醋酸（95%）（mL/L）	4
液量（L）	800
浴比	（1:20）～（1:30）

（二）卷染染色

鸭江呢（D2305）染艳绿色，每轴 8 匹（220～240 m），重量为 76 kg，在卷染机上的典型染色工艺参数如下。

（1）前处理工艺参数见表 4-2-2，升温曲线如图 4-2-2 所示。

表 4-2-2　卷染前处理工艺参数

渗透剂 JFC（g）	800
雷米邦 A（g）	2000
磷酸三钠（g）	1500
液量（L）	200

注　水洗 40℃、4 道。

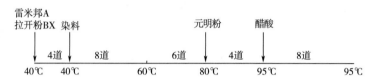

图 4-2-2　卷染染色升温曲线

（2）染色工艺参数见表 4-2-3。

表 4-2-3　卷染染色工艺参数

固色剂 Y（g）	4000
醋酸（90%）（mL）	2000
液量（L）	200

注　染色后水洗 45℃、8 道，下轴，吸水干燥。

为了增加染料对绸匹的渗透，低温染色时间较长。

（三）方形架染色

花线绸（D77113）染紫红色，在方形架上的典型染色工艺参数如下。

（1）前处理。绸匹挂上方形架后，先在拉开粉 BX 溶液中，50℃预处理 20 min。

（2）染色。方形架浸染固色工艺参数见表 4-2-4，染色升温曲线如图 4-2-3 所示。

表 4-2-4　方形架染色工艺参数

弱酸艳红 10B（%）	3.2（对织物重）
拉开粉 BX（g/L）	0.4
元明粉（g/L）	1
液量（L）	3000

注　染色后水洗 45℃、20 min。

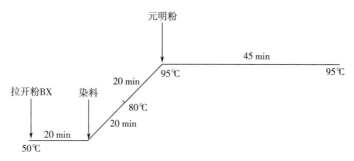

图 4-2-3　方形架染色升温曲线

三、柞蚕丝绸金属络合染料染色

（一）金属络合染料的染色原理

金属络合染料的染色是因染料上的负电荷能与柞蚕丝纤维上带有阳电荷的—NH^{3+}基以离子键结合，又因该染料的分子结构庞大，所以其与纤维分子之间的范德瓦耳斯力和氢键也是一种不可忽视的结合力。

由于中性染料分子结构复杂，分子量较大，对纤维的亲和力较高，致使染料的始染速度较快，而向纤维内部扩散的速率缓慢，移染性能也差。因此，在制订染色工艺时，一定要充分考虑染料的匀染性和渗透性。

（二）金属络合染料染柞蚕丝绸的染色工艺（绳状机染色工艺）

（1）前处理工艺参数见表 4-2-5（以千山绸 D5073 为例）。

表 4-2-5　千山绸绳染前处理工艺参数

洗涤剂 209（g）	1000
雷米邦 A（g）	1800
磷酸三钠（g）	1500
液量（L）	800
浴比	1：25

注　95℃、30 min 水洗后再经 60℃、20 min 温水洗。

（2）染色升温曲线如图 4-2-4 所示，工艺参数见表 4-2-6。

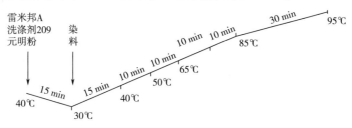

图 4-2-4　中咖色染色升温曲线

表 4-2-6 千山绸染色工艺参数

洗涤剂 209（g）	800
雷米邦 A（g）	800
中性棕（g）	93
中性深棕 BRL（g）	40
中性灰 2BL（g）	18
元明粉（g）	1600

注 染后缓洗一次，水洗二次。

（3）固色工艺参数见表 4-2-7。

表 4-2-7 千山绸固色工艺参数

固色剂 Y（g）	3000
醋酸（95%）（g）	1000
温度（℃）	50
时间（min）	30

第三章　柞蚕丝绸的印花

第一节　柞蚕丝绸的印花原理

一、柞蚕丝绸印花基本原理

柞蚕丝绸印花同其他织物印花一样，是按各种不同花纹形状的花模将染料或涂料印于绸匹上，使绸面局部呈现不同色泽花纹的图案，即使染料或涂料在绸匹上形成图案的过程。在柞蚕丝印花绸的生产中，从花样设计、色彩应用、染化料选择等方面，都应结合柞蚕丝绸的特点，扬长避短，才能使生产的柞蚕丝印花绸别具一格。

印花所用的染料或涂料要适用于柞蚕丝绸或其交织物的着色，且色泽鲜艳并有一定的洗晒坚牢度。印花时，染料染着丝纤维的原理和过程与柞蚕丝绸染色相似，但两者有以下区别。

（1）染色是利用一种或几种染料在绸匹上进行单一色彩的全面着色，而印花则是利用染料或涂料在绸匹上进行深浅不同的多种色泽的局部着色。

（2）染色时将染料用水配成染液，并以水为介质，采用浸渍或浸轧方法对绸匹进行均匀着色。印花因需保持花纹轮廓的清晰度，必须以原糊为介质将染料或涂料调成色浆，通过不同印花方式和不同花纹模板施印在绸匹上，使其持各种色泽的花纹形状。

二、柞蚕丝绸印花特点

（1）柞蚕丝绸本身具有雅致的天然淡黄色，并且有其他纤维所没有的珠宝光泽，产品风度高雅。如在图案设计中配以具有中国特色的民族纹样，花纹面积小些，就更能突出柞蚕丝绸的华贵感。

（2）柞蚕丝绸由于本身色泽的影响，对黄、橙、咖啡一类色彩的表现效果较好，面对红、蓝、绿等艳色，则效果差，即使染料成倍增加，柞蚕丝绸得色的深浓效果和艳丽程度都远不及桑蚕丝绸。因此柞蚕丝绸印花中对于色彩的利用，不宜过于追求桑丝的浓艳，而应以柔和、含蓄、优雅，并应以同类色为主，强烈对比色为辅。

（3）柞蚕丝绸印花不易做到桑蚕丝绸般黑白分明，因此在设计中应尽量避免选用黑白花样。

（4）柞蚕丝绸质地较厚，纤维较粗，很难做到精细，因此不宜像桑蚕丝绸般追求高精效果。

第二节 柞蚕丝绸的印花工艺

柞蚕丝绸印花方法各样，本书重点介绍常用的直接印花和拔染印花。

一、直接印花

直接印花是印花方法中最简单的一种，也是丝绸印花的主要方法，应用较为普遍。直接印花按所印花型分，主要有以下三种：白色清晰地印花，即在白绸上进行印花；满地印花，即在白地上的花纹空白处再加印各种色浆，构成满地印花绸，此时地色采用花板印制，所以又称假地子印花；色地印花，即在地色绸上进行印花。这三种印花可根据花型或配色的需要加以选用，其特点见表4-3-1。

表4-3-1　三种直接印花方法的特点

特点	白地印花	满地印花	色地印花
绸匹地色	白地	白绸加印地花	染色地
纹配色特点	可任意拼配，印制各种色泽	花色、地色可任意拼配	在色地上印花，称罩印法，地色与花纹间无复色边和露白现象，大多采用与地色成同类色和深花浅地如用对比色将发生复印现象
花纹精细程度	印制精细	花纹表现粗，花纹与地色相搭处有复色边，间隙处有白边现象，影响花纹的衔接和美观	印制较精细

（一）柞蚕丝绸直接印花对染料的要求

柞蚕丝和桑蚕丝对于染料的吸收数量和所表现的浓艳程度存在着较大的差距。桑蚕丝绸印花色浆中，染料最高用量一般为1.5%~2%，而在柞蚕丝绸印花色浆中，染料的用量即使增加到3%~4%，其浓艳程度仍远远不及桑蚕丝绸，所以在染料的选用上，同桑蚕丝绸也略有差异。桑蚕丝绸印花用染料常以鲜艳的酸性染料为主，而柞蚕丝绸印花多采用色泽深浓，牢度优良的金属络合染料。由于网印印花色浆所用的原糊量较多，溶解染料的水量相对少，因此，要求用于印花的染料应有较大的溶解度，否则容易出现色点，影响印花绸质量。

由于直接染料、酸性染料、活性染料、阳离子染料及涂料的直接印花工艺和金属络合染料有很多相同之处，所以上述染料在实际生产中除单独使用外，大多采用几种染料共印或同浆印花，以满足色谱方面的要求。现将各类染料在柞蚕丝绸印花时实际使用的效果略述如下。

（二）柞蚕丝绸印花色浆调制

1. 直接染料、金属络合染料、酸性染料色浆

色浆的调制方法：精确地称取染料和尿素，用少量热水将其调成浆状，然后加热水使其完全溶解，必要时加热至沸，然后将染料溶液加入滤过的原糊中，搅拌均匀待用，其色浆组成和调浆方式见表4-3-2。

表4-3-2 直接染料、金属络合染料、酸性染料色浆组成和调制方法

成分名称	用量
染料（g）	X
尿素（g）	6
热水（g）	15~20
原糊（kg）	100

2. 活性染料色浆

色浆组成和调制方法如下：将称好的染料和尿素用少量热水搅成糊状，再加热水使其完全溶解，然后将该染料溶液加入含有防染盐的原糊中，最后添加碱剂，搅匀待用，活性染料色浆组分见表4-3-3。

表4-3-3 活性染料色浆成分（g）

成分名称	用量		
	X 型	K 型	KN 型
活性染料	X	X	X
尿素	3~5	3~5	3~5
热水	15~20	15~20	15~20
原糊	100	100	100
碱剂	1~1.5	1.5~3	0.5~1
防染剂 S	1	1	1

（三）柞蚕丝绸印花方法

柞蚕丝绸直接印花多采用台板手工印花，印花方法如下。

（1）贴绸。采用淀粉糊甩浆贴绸法。向台板面甩刷浆1~2遍，力求均匀。贴绸要平整，绸匹经纬丝不可斜歪。贴绸浆干燥后即可进行印花。

（2）印花。采用跳版印花法。各套花版的刮印距离要适当，刮印时用力要均匀一致，起版要轻，防止产生色点，要勤加浆、少加浆。对一般绸匹每版往复刮印一次，较厚绸匹需往复刮印2~3次，否则渗透不良。

（3）刮刀刀刃选择。泥点、细茎花纹选用尖口刮刀，小花纹用小圆口，大花纹用大圆口，假的色花纹用大圆口。印花干燥后要平整卷好，送去进行蒸化等后处理。

二、拔染印花

拔染印花中，合理地选择地色染料、着色染料和拔染剂是十分重要的。地色用的染料必须容易被拔染剂破坏而消色，反之，着色染料必须不被拔染剂影响。拔染剂必须是既能使地色染料消色，又不破坏着色染料上染的化合物。

（一）地色染料的选择

适于拔染印花的染料，可在柞蚕丝绸印染所用的直接、酸性、活性等染料范围内进行选择。目前柞蚕丝绸拔染印花中除用氯化亚锡作为拔染剂外，还有漂白粉和德科林（Deroline，主要成分为低亚硫酸锌盐），但用者不多。能被氯化亚锡还原破坏的染料结构中有偶氮基，被还原后可生成两种氨基化合物，失去原来染料的性质，为了获得良好的拔染效果，柞蚕丝绸拔染印花用的地色染料，必须具备如下条件。

（1）染料结构中应有偶氮基。

（2）还原后生成的氨基化合物，应有良好的水溶性，易从绸匹上洗除。

（3）生成的氨基化合物应为无色，在空气中不易被氧化而显色。

（4）生成的氨基化合物对纤维的亲和力要小，便于从绸匹上洗除。

（二）着色染料选择

拔染印花所用着色染料须具备不被拔染剂所破坏，而又有良好发色行等条件。一般来说，具有蒽醌或三芳甲烷结构的酸性染料以及金属络合染料，都可以作拔染的着色染料。

（三）调浆方法

（1）色浆处方见表4-3-4。

表4-3-4　色浆成分

指标	参考值
染料（耐氯化亚锡）（g）	X
尿素（g）	6
热水（g）	15~20
原浆（g）	100
醋酸（g）	2
氯化亚锡（g）	4~12

（2）拔白处方见表4-3-5。

表4-3-5　拔白成分

指标	参考值
原浆（g）	100

续表

指标	参考值
尿素（g）	6
醋酸（g）	2
氯化亚锡（g）	4~12

氯化亚锡的用量视所用染料品种、拔白性能、绸匹厚薄和花形大小等条件而定，一般原则如下：

（1）难拔染料所用氯化亚锡的量应适当提高。

（2）深地色消耗还原剂多，应提高氯化亚锡用量。

（3）厚绸染色所需染料多，应提高氯化亚锡用量。

（4）小面积花纹应提高单位面积内氯化亚锡的用量，以保证拔染效果。

（5）对于多层次花纹，拔染色浆中的氯化亚锡用量应适当减少。

（6）深色绸耗用染料多，牢度差，需固色，应适当提高拔染剂用量。

（四）印花方法

采用台板手工印花法，与直接印花法相同。

第三节　柞蚕丝绸的印花后处理

印花柞蚕丝绸干燥后还要进一步加工，使染料与纤维牢固结合，并洗除多余的糊料和染料，使成品具有鲜艳的色泽、优异的坚牢度和良好的手感。印花后处理包括蒸化和水洗两部分。

一、蒸化

印花后的柞蚕绸匹需经蒸化，使色浆中所含的染料、还原剂、氧化剂等，在适宜的温度条件下充分发挥作用。

（一）蒸化工艺条件

蒸化工艺条件视所用染料、印坯和印花工艺等不同而定，一般的蒸化工艺条件见表4-3-6。

表4-3-6　蒸化工艺条件

项目	柞丝薄绸			柞丝厚绸直染印花
	直接印花	防染印花	拔染印花	
给湿条件（kPa）	117.6~147	98	—	196~235.2
锅炉给汽（kPa）	329	329	329	329

项目	柞丝薄绸			柞丝厚绸直染印花
	直接印花	防染印花	拔染印花	
反应罐汽压（kPa）	294	294	294	294
蒸箱内压力（kPa）	88.2~98	88.2~98	58.8~68.6	88.2~98
排汽时间（min）	3	3	3	3
蒸化时间（min）	40	40	12	40~50
挂架方式	圆形架，星形架	圆形架	圆形架，星形架	圆形架
小排汽转	1	1	1	1
蒸箱容绸量（m）	400~500	400~500	200~300	200~300

（二）蒸化原理

印花绸的蒸化作用机理与染色相同。在蒸化过程中，印花绸在较高的温度和湿度条件下，色浆中的糊料和纤维受热，吸收冷凝水而充分膨胀，染料溶解，动能增加，纤维分子间的间隙扩大，最后染料分子通过渗透和扩散达到染着目的。此外，蒸化还能使拔染印花色浆中的氯化亚锡发挥其还原作用，将不耐拔的染料破坏，同时使涂料白浆中的黏合剂产生交联作用。

影响蒸化作用的因素有温度、湿度和时间。柞蚕丝绸印花所用的直接染料、酸性染料、阳离子等染料，由于它们与纤维的亲和力较小，不能在较短的时间内完成染料固着，所以蒸化时间较长；而活性染料分子较小，从浆层向纤维转移以及与纤维成键较快，因此蒸化时间比酸性染料蒸化时间短。蒸化时的湿度要适当，否则会影响蒸化质量，湿度不足，不利于染料的渗透和固着，得色浅淡，色泽萎暗；湿度过大，易使染料泳移，出现花纹渗化，轮廓不清晰，吊印时还会出现白眼圈。

二、水洗

印花绸经蒸化后，糊料及助剂已完成各自的使命，应该洗除。

（一）水洗的目的和作用

（1）洗除绸匹表面的印花浆料、浮色和残存化学药剂等。

（2）洗除拔染印花中地色染料被破坏所生成的氨基化合物，提高拔白度和色泽鲜艳度。

（3）在水洗过程中，可进行必要的皂洗、退浆、固色、柔软和防静电等项处理，以提高绸匹的色牢度和获得良好的手感、光泽。

（二）水洗工艺的选择

根据印花所用的染料品种、绸匹组织、印花工艺、印制花型、浆料等具体情况，选定所用的水洗设备、工艺流程和具体工艺条件。

1. 根据所用染料选用水洗工艺

柞蚕丝绸印花所用染料多为直接、酸性、阳离子等染料，尽管类别不同，但对水洗工艺条件的要求相近。活性染料和涂料等的水洗工艺要求虽不同于上述染料，却常常与这些染料同浆印花或相邻共印，很少单独应用，故水洗工艺亦按直接染料、酸性染料条件进行。

2. 根据绸匹组织选用水洗设备

目前水洗用的设备有平幅联合水洗机和绳状水洗机两种，选用取决于绸匹的组织和厚薄。如柞丝纺（D5023）、柞桑绫（D4517）、柞绢绸（D9504）、桑柞缎（D4533）可选用平幅水洗机。如桑柞纺（D4518）及柞丝纱、绡、绉等绸类织物，不宜受张力太大，应采用绳状水洗机。

3. 根据采取的印花工艺决定水洗条件

洗涤拔染印花绸时，为防止残存的氯化亚锡还原剂对易拔地色继续发生还原作用，一般应在水洗浴中添加防染盐S。拔染印花中的深地色多系直接染料染成，牢度较差，应做2次固色。

4. 根据印制花型确定水洗工艺

一般夏季衣料多为清地花型或浅艳、明亮地色，因此要充分水洗，防止地色污染。白地印花绸应进行增白处理。

5. 根据所用印花浆料确定水洗工艺

目前柞蚕丝绸印花多以淀粉为糊料，但在直接印花上有时用白泥、海藻酸钠混合浆料，因而选用的水洗工艺也不同。前者常采用酶制剂退浆，水洗次数较多。

（三）柞蚕丝印花绸水洗基本工艺

柞蚕丝印花绸需在平洗机上水洗2次，水洗工艺如下。

（1）第1次水洗（各水洗槽容水量500 L）见表4-3-7。

表4-3-7　第1次水洗工艺

车速（m/min）	30~40
第1格水洗	冷水流
第2格温水洗（℃）	30~40
第3~6格退浆	
BF7658 淀粉酶（g/L） 每30 min 续加2.5 g/L	5
温度（℃）	50
第7~8格皂洗	
合成洗涤剂（g/L）	3

雷米邦 A（g/L）	2
温度（℃）	50~60
第 9 格水洗（℃）	40~45
第 10 格水洗（℃）	40~45

（2）第 2 次水洗，见表 4-3-8。

表 4-3-8 第 2 次水洗工艺

车速（m/min）	30~40
第 1 格水洗	冷水流
第 2 格温水洗（℃）	40
第 3 格温水洗（℃）	40
第 4~5 格皂洗	
合成洗涤剂（g/L）	3
雷米邦 A（g/L）	2
温度（℃）	50~60
第 6~8 格温水洗（℃）	40~50
第 9 格固色	
固色剂 Y（%）	10~20（每 30 min 续加 1/2）
温度（℃）	40~50
时间（min）	30
第 10 格柔软、抗静电处理	
柔软剂 D3（g/L）	3（每 30 min 续加用量的 1/2）
抗静电剂 SN（g/L）	1.5（每 30 min 续加用量的 1/2）
温度（℃）	30

第四章　柞蚕丝绸的整理

课件

柞蚕丝绸经脱胶、漂白、染色、印花后，须通过整理才能发挥其本身所具有的光泽柔和、手感丰满等独特风格，达到成品质量的要求，提高实用价值。柞蚕丝绸品种繁多，对其成品要求各异。如内外衣料用的平素织物，要求组织比较紧密、手感柔软、挺括，富有弹性，褶皱少，做成服装后基本保持不变形或少变形；柞蚕丝绸用作衬里，除要求具有手感平滑，稍带弹性外，还要有耐磨性；缎织物要平滑细软而有闪光；绉织物要有明显的绉纹和柔软的手感；花纹织物要求能突出其图案。因此，柞蚕丝绸整理的主要目的是改善织物的外观，使之具有均匀柔和的光泽、优良的手感和悬垂性等特点。另外，经过定形、拉幅、防皱整理，可改善丝织物的服用性能。通过各种化学整理，改变织物的手感；赋予柞蚕丝绸以抗变黄、抗皱、防静电、防霉、增重、阻燃等服用性能。

对于某些特殊种绸匹除了采用一般物理整理外，还必须进行特殊化学整理。因此柞蚕丝绸的整理方法，应根据其品种及成品要求而定。

第一节　柞蚕丝绸的物理整理

凡通过物理整理方法来改变或恢复外观品质，提高服用性能的，称为物理整理。柞蚕丝绸的物理整理，主要包括干燥、润绸、拉幅、呢毯整理、防缩整理等内容。但经印花和染色的柞蚕丝绸，一般不需润绸和拉幅，只要经过呢毯干燥和防缩整理即可。柞蚕丝绸经物理整理后，能使练漂染印加工过程中因机械张力作用而产生的变形得以部分恢复，使其符合原设计所规定的各项物理指标。此外还能改善成品外观，提高实用性能，满足消费者的要求。

一、干燥

离心脱水或真空吸水后的绸匹仍含有80%~110%的水分，它可通过加热使其汽化而除去。常温下的柞蚕丝绸含水率以11%左右较为适宜（即在自然含水率范围以内）。根据这种要求进行干燥，可使柞蚕丝绸的手感、光泽较为满意。

干燥设备种类很多，目前常用于柞蚕丝绸的主要有烘筒干燥机、悬挂式热风干燥机、圆网干燥机和气垫式烘干机等。

1. 烘筒干燥机

烘筒干燥是将绸匹以平幅方式直接接触烘筒表面，通过热传导进行干燥的一种形式。烘干时，织物直接接触经蒸汽加热的金属辊筒，并受上压辊的压力作用而达到烘干和熨平的目的。烘筒干燥机有单辊筒干燥机和多辊筒干燥机之分。多烘筒干燥机主要适用于中厚型柞蚕丝绸织物；单辊筒干燥机主要适用于薄型织物，如图4-4-1所示。

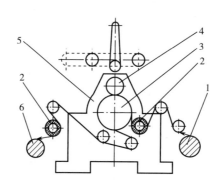

图4-4-1 单辊筒干燥机结构示意图

1—进布卷 2—伸缩板扩幅器 3—烘燥辊筒 4—上压辊 5—机架 6—出布卷

2. 悬挂式热风干燥机

悬挂式热风干燥机是为克服丝织物紧式烘干设备的缺点而设计的松式烘干设备，采用热风对流式干燥方式，利用蒸汽散热片加热，由鼓风机使热空气循环。悬挂式热风干燥机的最大优点是，在干燥过程中，织物自然悬挂于导布辊上，所受到的机械张力很小，伸长少，故烘后织物的缩水率低。悬挂式热风干燥机结构如图4-4-2所示。

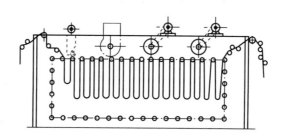

图4-4-2 悬挂式热风干燥机结构示意图

3. 圆网干燥机

圆网干燥机，因机头装有超喂装置，张力小，也属于一种松式烘干设备。圆网干燥机是使热风透过织物流动的，从而大大提高干燥效率，节省能源，且烘干时不受张力，因此烘干后的织物缩水率较低，手感柔软，绸面平整，适应性强，一般适用于厚织物如丝绒织物、绢纺绸、绉类及花纹织物的烘干。圆网干燥机的结构如图4-4-3所示。

4. 松式无张力气垫式干燥机

织物以平幅状态引入进布机架，借助于下喷嘴喷出的热风风力将松弛的织物脱离输送网，使受烘织物在气垫中呈波浪状向前行进，在整个干燥过程中织物均呈松式状态，且不断受到热风风力的搓揉作用，应力得以释放，因此织物手感柔软丰满，缩水率小，尺寸稳定。松式无张力气垫式干燥机结构如图4-4-4所示。

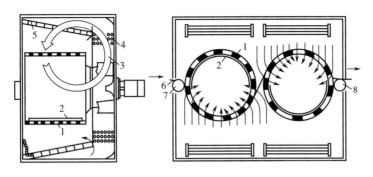

图 4-4-3 圆网干燥机结构示意图

1—圆网 2—密封板 3—离心风机 4—加热器 5—导流板 6—织物 7—喂入辊 8—输出辊

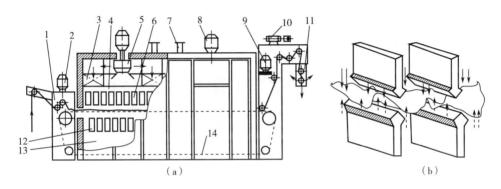

图 4-4-4 松式无张力气垫式干燥机结构示意图

1—进绸机架 2—进绸电动机 3—加热器 4—上稳压箱 5—循环风机 6—上风嘴 7—排气口 8—风机电动机
9—输送网电动机 10—出绸电动机 11—出绸装置 12—下风嘴 13—下稳压箱 14—输送网

二、润绸

经过干燥的绸匹，往往达不到丝绸在正常大气条件下的含水量，手感和光泽较差。为此必须在拉幅和平光之前进行适当补湿，以利于进行后续的拉幅、平光等整理工程。在各种补充给湿方法中，有一种独特的工艺方法，称为润绸，是柞丝练漂绸整理中不可缺少的重要环节。经过润绸处理的绸匹，其光泽明亮而饱满，手感柔软，漂白绸的白度增高，能更加充分地体现柞蚕丝绸所特有的风格。

润绸处理采用特制的润绸机，由机架、进绸导辊、吸边器、并合摆绸装置、出绸导辊和分绸摆头装置组成。润绸以三匹相同规格的绸匹为一组，即在已经干燥的两匹绸的中间夹放一匹脱水后的湿绸。三匹干湿绸的绸边要平齐，否则会因吸湿不匀，造成润花疵点。操作时，将这组绸匹放在润绸机下部，经上下导辊和吸边器，通过并合摆绸装置使其叠合整齐，在常温放置 6~7 min，使干绸吸收适当水分。然后按堆置先后顺序取出绸头，分别经导绸辊和分绸摆头装置整齐地摆在各自的堆绸车中（中间的绸车堆放湿绸）。吸湿后的绸匹再堆置 6~8 h 后，进行拉幅和平光整理。

干绸吸收水分的程度应根据绸匹厚薄而定，它又与室内相对湿度有很大关系，相对湿度越低，吸湿时间就越短。为了保证成品质量，经干燥的绸匹在润绸后要进行半成品质量检查，以减少不必要的返工。

三、拉幅

为使织物按规定要求具有整齐划一的稳定门幅，一般应对丝织物进行拉幅（定幅）整理。拉幅整理就是利用纤维在湿、热状态下具有一定程度的可塑性，以机械作用将织物缓缓扩幅至规定的尺寸并缓缓烘干，消除部分内应力，调整经纬丝线在织物中的状态，从而获得暂时的定型效果。织物的拉幅整理是在拉幅机上进行的。拉幅机包括布铗拉幅机、针板热风拉幅机以及布铗和针板热风拉幅定型两用机。柞蚕丝织物种类不同，拉幅整理的要求不同，选用的拉幅机种类也不相同。普通布铗拉幅机如图4-4-5所示。

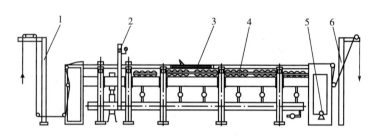

图4-4-5　普通布铗拉幅机

1—进布机架　2—蒸汽管　3—拉幅布铗　4—蒸汽热辐射管　5—电动机　6—出布装置

四、呢毯整理

柞蚕丝绸呢毯整理一般采用联合呢毯整理机，由一个真空吸水、两组加热单辊筒和一个中型呢毯整理装置组成。它的干燥效率高，湿态绸匹可一次干燥，不像单辊筒整理那样，有时需要干燥多次，从而降低了劳动强度，使生产连续化。此外，因干燥造成的疵点也有明显减少。为了避免绸匹和吸水口之间的摩擦而造成的擦伤，一些比较娇贵的绸匹干燥时往往不经真空吸水。用这种整理机进行柞蚕丝绸整理时，一般不用单辊筒整理，因为单辊筒的张力大，以致绸面呆板，手感硬，幅宽难以控制。柞蚕丝绸呢毯整理的主要工艺条件见表4-4-1。

表4-4-1　柞蚕丝绸呢毯整理工艺条件

项目	条件
车速（m/min）	10~15
气压（kgf/cm²）	1~1.5

五、预缩整理

柞蚕丝绸在染整加工过程中，由于经向处于紧张状态，受到较多的拉伸作用，发生伸长，经干燥后被暂时固定下来，纤维内存在内应力，织物经洗涤后在内应力的作用下会发生一定程度的收缩。测试结果表明，柞蚕丝绸的缩水率一般在 7%～9%，而柞蚕交织绸（D4518）的缩水率在 4%～5%。而成品的缩水率一般要求控制在 5% 以下（绉类织物除外）。降低柞蚕丝织物缩水率，最简单的方法就是将织物在无张力或松弛状态下进行最后一次干燥整理。例如，将织物落水或给湿，让它在湿热状态下回缩，然后松式烘干。为了降低柞蚕丝绸的缩水率，可对柞蚕丝绸进行呢毯式或橡毯式预缩整理或汽蒸预缩整理。

（一）呢毯或橡毯预缩整理

呢毯式预缩机和橡毯式预缩机工作示意图如图 4-4-6 和图 4-4-7 所示。

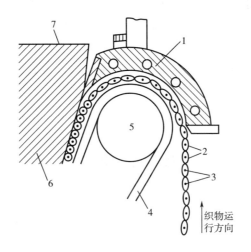

图 4-4-6　呢毯式预缩机工作示意图

1—电热靴　2—经纱　3—纬纱　4—呢毯　5—给布辊　6—缩布区　7—烘筒

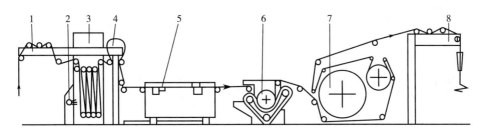

图 4-4-7　橡毯式预缩机工作示意图

1—进布装置　2—给湿装置　3—汽蒸装置　4—烘筒　5—短布铗拉幅装置
6—橡胶毯预缩装置　7—呢毯干燥装置　8—出布装置

橡胶毯式预缩整理机的预缩效果比呢毯防缩机的好，同时一般和呢毯整理机联合使用，成品光泽柔和、手感丰满而富有弹性，使成品外观质量得以进一步改善。柞蚕丝织物经预缩整理后不仅可以获得一定的防缩效果，而且手感、光泽都可以得到一定程度的改善。通常情况下织物的预缩率可达 16%，缩水率能稳定在 2% 以内。

（二）汽蒸预缩整理

柞蚕丝织物汽熨整理在汽蒸预缩机上进行，也称蒸绸，是一种适用于柞丝织物的物理整理方法。它是利用柞蚕丝在湿热条件下定型的原理，使织物表面平整光洁，形状和尺寸稳定，缩水率降低，并能获得蓬松而丰满、柔软而富有弹性的手感，光泽自然柔和。平幅连续汽蒸预缩机的结构示意图如图4-4-8所示。

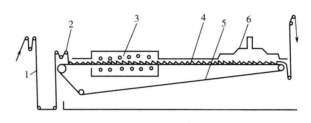

图4-4-8 平幅连续汽蒸预缩机结构示意图

1—织物 2—超喂调节辊 3—蒸汽区给湿区 4—干燥区 5—松弛传送带 6—冷却区

第二节 柞蚕丝绸的化学整理

柞蚕丝绸因其本身比较柔软、光泽柔和、吸湿性好、穿着舒适，所以一般只进行物理整理，即可达到实用要求。但它确实也存在不足之处，如悬垂性差、湿弹性低、缩水率高、易起皱、发毛、泛黄等。同时，人们对柞蚕丝绸也提出了一些新的要求。柞蚕丝绸化学整理的目的就是提高柞蚕丝绸的实用性和功能性，以赋予新的外观和特性，提高其附加价值。

柞蚕丝绸化学整理主要是柔软整理、硬挺整理、砂洗整理、防皱整理、防泛黄等。

一、柔软整理

柞蚕丝绸在染整加工过程中，由于各种因素引起绸匹手感粗糙，影响服用效果，因此有些品种需要进行柔软整理。柔软整理，主要是利用柔软剂的作用，降低纤维之间的摩擦阻力，也就是使柔软剂在纤维之间、丝线之间形成润滑层或化学结合，以减少纤维之间、丝线之间的摩擦阻力，使绸匹手感柔软舒适。在柞蚕丝绸进行柔软整理时，要先浸轧柔软整理液，然后在一定温度条件下进行拉幅烘干即可。柞蚕丝绸使用的柔软剂主要有非有机硅和有机硅两类。

（一）非有机硅类柔软剂

非有机硅类柔软剂大都为具有长链脂肪烃的化合物，按化学结构分为阴离子型、阳离子型、非离子型。柞蚕丝绸常用的非有机硅类柔软剂有柔软剂 TR（烃甲基硬脂酰胺与硫脲结合的浆状乳剂）、柔软剂 D3（N—十八烷基［2］位氨基丙酸酯）、阳离子型柔软剂。本书以柔软剂 TR 的整理为例进行工艺介绍。

1. 工作液组成（表4-4-2）

表4-4-2　柔软剂 TR 的组成

指标	参数值
柔软剂 TR（kg）	2
醋酸（30%）（mL）	100
平平加 O（kg）	0.05
水（kg）	X
合计（kg）	100

2. 工艺流程和条件

（1）工艺流程。浸轧柔软剂→预烘→针铗热风烘干→呢毯整理。

（2）工艺条件。绸匹经二轧，浸扎液温度为 35～40℃，预烘温度为 90～100℃，烘干温度为 120～130℃，车速为 15～20 m/min，温度高，则耐洗性较好。

（二）有机硅类柔软剂

采用有机硅对柞蚕丝绸进行柔软整理，既可在感观上赋予柞蚕丝绸高品质化、差别化，因而有"超柔软整理剂"的美称，又可在功能上赋予柞蚕丝绸以复合功能，即在获得柔软手感的同时，使柞蚕丝绸具有拒水（或吸水）、抗静电、防污、抗皱等功能。在对柔软度和耐久度要求较高时，则采用反应性聚硅氧烷可获得满意效果。经改性聚硅氧烷整理的柞蚕丝绸手感光滑、柔软，洗可穿性、缝纫性均改善，且耐水洗及干洗。

二、硬挺整理

丝织物使用的硬挺整理剂常为热塑性树脂乳液或者天然浆料，常用的硬挺剂有聚醋酸乙烯乳液、聚乙烯乳液、聚丙烯酸酯与聚丙烯腈共聚物乳液、聚氨酯类乳液等，如硬挺剂504、480 等，它们都是不溶于水的高分子化合物，使用时将其制成乳液来浸轧织物，经过一定温度处理烘干后，便成为不溶于水的树脂微粒固着在织物上，具有良好的耐洗性。随着使用树脂的性能不同，织物手感有很大变化，在某些情况下，织物的强力和耐磨性也有所提高。整理工艺为浸轧处理液，烘干即可。

单纯的硬挺整理，会使织物有硬板和粗糙的感觉，有时也要求渗入一定量的柔软剂。丝织物的柔软整理和硬挺整理都可以被视为改善和加强织物的柔软、硬挺、丰满等手感而进行的手感整理。柔软和硬挺整理，虽然要求不同，但为了彼此兼顾，除单独使用外，也可配合使用。

三、砂洗整理

柞蚕丝绸砂洗整理是一项新兴的后处理技术。所谓砂洗，就是使柞蚕丝绸产生丝绒状均匀耸起的绒毛。在这个过程中，织物处于松弛状态下使用化学助剂即膨化剂和柔软剂，使丝素膨化而疏松（表层的微纤裸露出来），并在一定的 pH 和温度下，再借助机械作用使织物与织物、织物与机械之间产生轻微的均匀摩擦，使丝素外层包覆着的微纤松散而挺起，使绸面产生出均匀而细密绒毛，从而使织物手感松软、柔顺、肥厚、光泽柔和，悬垂性及抗皱性能大大提高，使其具有洗可穿性。在这方面改善了原有丝绸在穿着上的不足之处。因此砂洗柞蚕丝绸服装属高档次的商品。砂洗柞蚕丝绸与普通柞蚕丝绸相比是旧貌换新颜，它的质地不再像普通丝绸那样飘浮，而是变得浑厚。尤其是用薄型的柞蚕丝绸如电力纺、双绉等加工后更为明显，在手感上呈现"腻、糯、柔、滑"四大特点，而且具有相当的弹性。

1. 砂洗整理工艺流程

将染色、印花绸或服装制品装入稍大一些的砂洗袋内→放入配有化学助剂的砂洗机中→砂洗膨化→脱水→水洗→（中和）→上柔软剂→烘干→开幅→码尺→检验→成品装箱、装盒。

2. 砂洗用助剂和设备

（1）砂洗用助剂。

①膨化剂。主要是对蚕丝有膨化作用的碱剂、酸类以及醋酸锌、氯化钙等。

②砂洗剂。主要有金刚砂、砂洗粉等。

③柔软剂。一般选择阳离子型柔软剂，它对成品的触感起决定性作用，可以与非离子型表面活性剂并用。

（2）砂洗用设备。砂洗设备是用来进行膨化、砂洗和柔软处理的设备，一般采用转鼓式水洗机以及专用砂洗机等。脱水后烘干主要采用转笼式烘燥机，转笼内有三条肋板，可将织物抬起和落下。织物在转笼内产生逆向翻滚，使织物与织物相互拍打和揉搓，从而改善烘燥时柞蚕丝绸在湿热状态下由于纤维的热可塑性而造成的板硬感，变得蓬松而柔软。

四、防皱整理

柞蚕丝织物在保持原有独特风格的前提下，为了提高柞蚕丝织物的防皱性能，可进行防皱整理。防皱整理是用防皱整理剂和纤维作用，从而赋予柞蚕丝绸一定的抗皱性。作为柞蚕丝绸抗皱整理剂，纤维反应型树脂即 N-羟甲基化合物是有效的，它能改善柞蚕丝绸的抗皱性和防皱性。但反应型树脂整理大多易产生游离甲醛问题，现在一般采用低甲醛或无甲醛的整理剂，如水溶性聚氨酯、有机硅系列、多元羧酸（1，2，3，4-丁烷四羧酸）等。本书以水溶性聚氨酯整理为例进行工艺介绍。

1. 浸轧液组成（表 4-4-3）

表 4-4-3　浸轧液组成

水溶性聚氨酯 FS-621	100 g/L
柔软剂	10 g/L

2. 工艺流程

二浸二轧（40℃，轧液率 70%～80%）→烘干（低于 100℃）→焙烘（160℃，1 min）。

五、防泛黄整理

柞蚕丝绸的泛黄老化是指柞蚕丝绸受了日光、化学品、湿度等的影响和作用而产生的强力显著下降和泛黄现象。

目前研究较多、效果较好的化学整理剂及其处理方法如下。

（1）用紫外线吸收剂处理柞蚕丝绸。可用于柞蚕丝防泛黄加工的有苯并三唑系和二苯甲酮系及水杨酸苯酯系等紫外线吸收剂，而以二苯甲酮系中的 Seesorb 101S（商品名）效果最好。其特点是有—SO_3H 基团，易溶于水。柞蚕丝绸经反应性的含羟基的氨基甲酸酯树脂加工后，再用紫外线吸收剂处理，具有显著的防泛黄效果。

（2）对柞蚕丝绸进行树脂整理或接枝共聚整理，也能对防泛黄性有一定程度的改善，不过对树脂的选择和焙烘条件的确定要十分注意。根据实践经验，采用硫脲—甲醛树脂、二羟甲基乙烯脲树脂和含羟基的氨基甲酸酯树脂以及用环氧化合物接枝共聚等加工柞蚕丝绸都具有显著的防泛黄效果。需要注意的是柞蚕丝织物的焙烘条件不能过分激烈。将上述两种防泛黄整理方法结合起来，工艺如下：

白色柞丝电力纺于常温下浸渍含羟基的氨基甲酸酯树脂（树脂：水为 1∶4 和 1∶6）、催化剂有机胺（树脂：催化剂为 1∶0.5）溶液 20 min 后，离心脱水（织物含液率为 100%），60℃预烘 20 min，再经 130℃热处理 20 min。然后，在 1% 的紫外线吸收剂（2-羟基-4-正辛氰基二苯甲酮等）溶液中浸渍 2 h（浴比为 1∶50，常温、密闭状态下），后经轻度脱液、烘干（30℃，24 h）。结果表明，由于发挥协同效应，防泛黄效果显著。

（3）酸性浴处理。柞蚕丝绸经碱处理及在残留碱性物质的作用下，其丝素膨润，结晶度下降，如照射紫外线容易泛黄。而用酸在等电点附近处理柞蚕丝绸，去除残碱，则丝素复原，紫外线对蚕丝蛋白质的影响下降，可防止泛黄。所用酸性浴，既可用盐酸、硫酸、磷酸等无机酸配制，也可用蚁酸、醋酸、乳酸、苹果酸、柠檬酸等有机酸配制，但必须控制 pH 为 1～5，若将 pH 调节为 2～4，防泛黄效果尤为满意。处理浴温度宜高于常温，以利于酸性溶液充分渗透到纤维内部，只需浸渍处理几分钟到几十分钟就能获得充分的防泛黄效果。

第五部分
柞蚕丝绸生产实例

柞蚕丝绸品种丰富、种类繁多，柞蚕丝可织造各种组织的厚、中、薄型柞丝绸，可制作男女西装、套装、衬衫、裙装等，织制贴墙布、窗帘、头纱、台布、床罩等装饰品；还可用于制作耐酸工作服、带电作业的均压服等。不同柞蚕丝绸具有不同的外观和质地，其中原料质量、织物规格、工艺流程（蒸丝和烘丝、络丝、并丝、卷纬、正经、织造、练漂和染色）等为其主要影响因素。

第一章 风华绫

织物风格特征：风华绫丝织物纹路清晰，质地松软，弹性较好，吸色性强，是良好的印花坯绸，衣着轻飘舒适，美观大方。风华绫丝织物如图 5-1-1 所示。

彩图

图 5-1-1 风华绫丝织物

一、织物规格（表 5-1-1）

表 5-1-1 织物规格

成品规格		织造规格			
外幅	91.5 cm	钢筘	符号 45 齿/英寸，内幅 94.9 cm，边幅 0.55 cm×2		
内幅	90.4 cm	筘齿	内幅 1681 齿，边幅 10 ×2 齿		
经密	557.7 根/10 cm	穿入数	内幅 3 根/齿，边幅 3 根/齿		
纬密	386.5 根/10 cm	经丝数	内幅 5044 根+边丝 30×2 = 60 根		
长度	45.72 m	纬密	385.8 根/10 cm	经组合	20/22 旦/3
				纬组合	35 旦/2
成品重量	2.52 kg	基本组织	$\frac{2}{2}$ 右斜纹	边组织	$\frac{2}{2}$ 重平
原料重量	67.8 g/m	长度	45.8 m	重量	3.06 kg

126

续表

备注	组织图、纹板图、穿综图 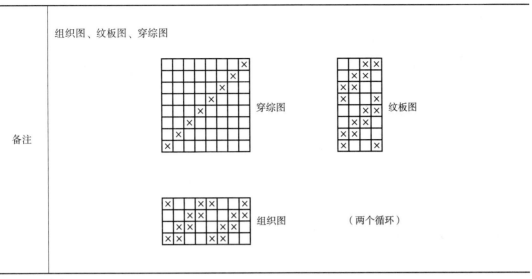

注：1 英寸 = 2.54 cm。

二、经纬丝工艺程序（表5-1-2）

表5-1-2　工艺程序

经丝		纬丝	
次序	工序名称	次序	工序名称
1	选丝	1	蒸丝
2	络丝	2	烘丝
3	并丝	3	选丝
4	拉缕	4	络丝
5	织造（包括穿综接头）	5	并丝
		6	卷纬
		7	织造

三、原料质量的要求

（1）原料名称：经为桑丝；纬为柞蚕茧水缫丝。

（2）名义条份或纤度：经丝为20/22旦；纬丝为35旦。

（3）根数：7~8根（6~8粒）6~8根（6~8粒）。

（4）断裂伸长：不大于28%。

（5）断裂强力：不低于2.8%。

（6）平均公量条份或纤度：210（350）。

（7）条份均匀分数：80~90 分。

（8）条份最低均匀分数：70 分。

（9）条份最大偏差：±30。

（10）条份隔差：4%~6%。

（11）纤度不匀率：不超过 50%。

（12）洁净分数：95。

（13）清洁分数：85 分以上。

（14）抱合力：不低于 25 次。

（15）色泽：浅黄色。

四、在制品保燥（表 5-1-3）

表 5-1-3　在制品保燥

工序	保燥形式	卷装形式	保燥阶段	季节	工艺条件				备注
					温度	相对湿度	时间	平衡后回潮率	
络丝	保燥箱	绞丝筒子	络前	干季	35~40℃	50%以上	86 h 以上	8%~10%	因有空调设备，络丝机上保燥
				雨季	40~45℃			7%~8%	
			络后	干季					
				雨季					
并丝	—	络丝筒子并丝筒子	并前	干季					
				雨季					
			并后	干季					
				雨季					
合丝	—	—	合前	干季					
				雨季					
			合后	干季					
				雨季					
捻丝	—	—	捻前	干季					纬丝保燥，经丝是桑丝不保燥
				雨季					
			捻后	干季					
				雨季					

续表

工序	保燥形式	卷装形式	保燥阶段	季节	工艺条件				备注
					温度	相对湿度	时间	平衡后回潮率	
卷纬	保燥箱	保丝筒子穗子	卷前	干季					
				雨季					
			卷后	干季			1~2.6 h	7%~9%	
				雨季					
织造			在机	干季					
				雨季					

五、蒸丝和烘丝

(一) 蒸丝

1. 设备

设备名称：蒸箱。

2. 工艺设计

(1) 蒸丝量：53~55 kg。

(2) 汽压：纬丝 1.2 kg/cm^2。

(3) 时间：纬丝 35 min。

(4) 蒸后回潮率：12%~15%。

(5) 蒸后回缩率：4%~5%。

(6) 注意事项。严格执行三定，即定量、定长、定时间，保证将丝蒸透蒸匀；注意清洗防止沾染水污；丝出箱立即将丝包打开进行凉丝使蒸汽散尽。

(二) 烘丝

1. 设备

(1) 烘丝设备：干燥室。

(2) 加热装置：暖气。

(3) 放丝架：长 6 m；宽 1 m；高 2 m（四层）。

2. 工艺设计

(1) 烘丝温度：干季 40~42℃；雨季 40~50℃。

(2) 相对湿度：不大于 50%。

(3) 烘丝时间：干季 16~20 h；雨季：16~20 h。

（4）绞丝放置厚度：不超过 3 条。

（5）烘后回潮率：干季 6%~7%；雨季：7%~8%。

3. 烘后选配丝要求

根据 35 旦柞蚕茧水缲丝质量较好花色和毛丝较少，捻合良好的特点，依据情况进行选丝，将重花色丝、沾污、毛丝剔出，不再配色，直接投入生产。

六、络丝

1. 设备

（1）络丝机器：双层双面络丝机。

（2）锭子：双弹簧式，重量为 80~90 g。

（3）摩擦盘：直径为 13.4 cm。

（4）锭子轮：直径为 3.2 cm。

（5）绷架：类型为六角形。

（6）重锤：重量不大于 120 g。

2. 卷装

（1）绞丝周长：纬 125~132 cm；经 142 cm。

（2）绞丝重量：经 50 g；边 65 g。

（3）卷绕筒子容丝量：经 70 g；边 70 g。

（4）卷绕筒子名称：络丝小筒子。

（5）筒子规格：内径 2.8 cm；外径 5.8 cm；筒心长度 9.4 cm；重量 67 g。

3. 工艺设计

（1）主轴速度：200~215 r/min。

（2）锭速：792~851 r/min。

（3）线速：110 m/min。

（4）导丝杆往复速度：13 次/min。

（5）导丝杆动程：9 cm/次。

（6）丝条张力：不大于 40 g。

（7）看锭量：60 锭/人。

（8）锭时理论产量：纬 30~32 g；经 11 g。

（9）锭时实际产量：纬 27~29 g；经 9.6 g。

（10）回丝率：0.15%。

（11）车间温度：(25±5)℃。

（12）车间相对湿度：(64±4)%。

4. 注意事项

（1）挂丝要圆，绞板要正。

（2）接一等机，使用小剪，舍尾不超过 0.3 cm。

（3）根据气候的变化，随时间调节丝条张力，达到标准要求。上吊丝要掐去。

（4）有硬边硬角丝，不准用咀咬和润水。

（5）绷架铁芯上乱丝要随时割除。

（6）钢纸规格标准，除子弹簧不失效。

七、并丝

原料：经丝为桑丝 20/22/3，纬丝为柞蚕水缫丝 35 旦/2。

1. 设备

（1）并丝机器：K071 并丝机。

（2）导丝轮：直径为 4.8 cm。

（3）锭子轮：直径为 2 cm。

2. 卷装

（1）卷绕筒子名称：经中型，纬小型高脚筒子。

（2）卷绕筒子容丝量：经 60 g；纬 32 g。

（3）卷绕筒子容丝长度：经 857000；边 411000 cm。

（4）筒子规格：

①内径：经 2.8 cm；纬 3.0 cm。

②外径：经 5.0 cm；纬 5.0 cm。

③内长：经 10.0 cm。

④外长：经 12.0 cm；纬 10.7 cm。

⑤重量：经 77 g；纬 63 g。

3. 工艺设计

（1）主轴速度：经 190~195 r/min；纬 190~195 r/min。

（2）锭速：2800~3000 r/min。

（3）线速：18~20（经纬）m/min。

（4）导轮转数：经 150 r/min；纬 150 r/min。

（5）丝条经导轮圈数：3 圈。

（6）导轮上部丝条张力：（18±4）g。

（7）导轮下部丝条张力：（15±4）g。

（8）钢针规格：23 号。

（9）捻度：经 4 捻/英寸，纬 4 捻/英寸。

（10）捻向：经左；纬左。

（11）看锭量：100（经纬）锭/人。

（12）锭时理论产量：经 9.2 g；纬 10.56 g。

（13）锭时实际产量：经 8.4 g；纬 8.4 g。

（14）效率：经92%；纬80%。

（15）回丝率：0.15%。

（16）车间温度：(25±5)℃。

（17）车间相对湿度：(64±4)%。

4. 注意事项

（1）经常检查调节钢丝钩，保持筒子成形良好，张力一致。

（2）实行分股接头接，一等机，用小剪，舍尾不超过0.3 cm。

（3）要保持筒子直径卷绕一致，每班7.5 h，经换1次筒子，纬换2次筒子。

（4）交接时认真扶机，做好四洁——手、机、地、筒的清洁。

（5）锭子必须位于钢领中心，锭子、导丝钩、导轮三者成一直线，筒子平时垫需齐全，乱丝及时去除干净。

八、卷纬

1. 设备

（1）卷纬机器：K191型自动卷纬机。

（2）摩擦盘。

（3）成形套筒。

（4）张力装置：跳头式。

2. 卷装

（1）纬管规格型号：15 cm。

（2）纬管有效长度：12 cm。

（3）纬管容丝量：10 g。

3. 工艺设计

（1）主轴速度：275 r/min。

（2）锭速：2200 r/min；线速：110 m/min；卷绕方向：顺时针。

（3）锭子往复速度：(131±1) 次/min。

（4）花绞长度：3.1~3.3 cm。

（5）看锭量：24锭/人。

（6）锭时理论产量：0.0513 kg。

（7）锭时实际产量：0.041 kg。

（8）效率：80%。

（9）回丝率：0.01%。

（10）纬穗回潮率：9%~10%。

（11）车间温度：(25±5)℃。

（12）车间相对湿度：(64±4)%。

4. 注意事项

（1）根据天气变化和筒子直径大小及时调节，一个筒子调节张力三次，保证松紧一致。

（2）严格贯彻三不停车：中间断头，因穗子不通，中间断头不接头。

（3）加强巡回检查，预防掉勾穗子，靠边筒子产生，若有掉勾和穗子剔出，另行处理。

（4）保证备纱准备，长度标准，位置准确不吊勾。

（5）加强设备保养，保证小剪快。

九、整经

1. 设备

（1）整经机器：分条整经机。

（2）筒子架：弧形筒子架。

（3）分绞筘：18 羽/英寸，直线形。

（4）定幅筘：45 羽/英寸。移动距离为 12.5 cm。

（5）大圆框：周长：357 cm；宽度：180~200 cm。

2. 卷装

（1）退绕筒子名称：并丝筒子。

（2）空经轴规格类型：大边盘铁经轴；有效长度为 135 cm。

3. 上机参数

（1）经线数：内经：5043 根；边经：60 根。

（2）整经幅度：100 cm。

（3）每条整经数：190 根。

（4）每条整经宽度：3.6 cm。

（5）整经条数：27 条。

（6）末条经丝数：163 根。

（7）定幅筘密度：45 羽/英寸。

（8）定幅筘每齿穿入数：3 根。

（9）每条搭头空隙：0.1~0.2 cm。

（10）整经定长：47.3m。

（11）整经数：10。

（12）经丝重量：1.71 kg。

（13）回丝率：0.03%。

4. 工艺设计

（1）大轮转数：18~20 r/min。

133

（2）整经线速：64~71 m/min。

（3）上轴速度：29~30 r/min。

（4）筒子架与分绞筘距离：2.7 m。

（5）分绞筘与定幅筘距离：100 cm。

（6）整经张力：中间 5~20 g；两边 5~24 g。

（7）上轴张力：50~60 g。

（8）车间温度：（25±5）℃。

（9）车间相对湿度：（64 ± 4）%。

5. 注意事项

（1）绞缝要对标准，绞缝不超过 0.2 cm。

（2）断头接头时要剪断 2 m 左右，接头使用小剪，余尾的不超过 0.3 cm。

（3）操作要做到三轻（换筒子时轻、接头轻、换完筒子转筒子轻）一稳（开关车稳）。

（4）换筒子接头，用筒子接头捻机，克服松紧经。

（5）要两端打绞，上轴后一定在末端贴纸条。

（6）定幅筘和分绞筘和筒子中心成一直线。

（7）筒子架标准，筒子辊光滑平直，保证筒子退绕灵活。

（8）定幅筘和分绞筘光滑。

十、织造

1. 设备

织造机器：K251 自动织机。

（1）有效箱幅：115 cm。

（2）有效机身长度：2.3 m。

（3）开口机构类型：多臂式。

（4）送经装置类型：积极式。

（5）卷取装置类型：积极式。

（6）梭箱数：1×1。

（7）梭子类型：24 号。

（8）综丝型号：13 英寸中眼。

（9）幅撑类型：圆盘式。

（10）护经装置类型：筘式。

2. 上机参数

（1）总经根数：5102 根。

（2）综框片数：8 片。

（3）提综次序：1256 2367 3478 41851。

（4）钢筘密度：45 齿/英寸；幅度：96 cm。

（5）钢筘有效高度：7 cm。

（6）内综穿法：1、2、3、4、5、6、7、8。

（7）边综穿法：1、3、2、4。

3. 工艺参数

（1）梭口高度（梭子前壁距上层经丝距离）：0.2~0.3 cm。

（2）开口最大时下层经丝距走梭板距离：0.1~0.15 cm。

（3）综平度：5~6 cm。

（4）投梭开始时筘到织口距离：4.5~5 cm。

（5）后梁低于胸梁：4~5 cm。

（6）走梭板弧度：0.1~0.15 cm。

（7）筘与走梭板角度：90°。

（8）综平时综眼低于经直线：0.8~1 cm。

4. 工艺设计

（1）主轴速度：165 r/min。

（2）经缩率：3%。

（3）在机纬密：96 捻/英寸。

（4）台时理论产量：2.54 m。

（5）台时实际产量：2.1 m。

（6）效率：82.7%。

（7）回丝率：0.1%。

（8）看台量：2 台/人。

（9）车间温度：（25±5）℃。

（10）车间相对湿度：（68±4）%。

5. 注意事项

（1）织机断头要外接，并要停机接头，使经丝张力松紧一致，以克服接头不当产生的经纱疵点。

（2）根据经轴直径的大小和相对湿度的变化，正确掌握与调节理论容量，保证坯绸幅宽和长度的正确。

（3）加强巡逻，认真剪好毛，细微检查绸面，防止宽急经纱、明丝的产生。

十一、练漂工艺卡（表 5-1-4）

表 5-1-4　练漂工艺卡

织物名称	风华绫	织造厂地	凤城	经丝	桑丝	纬丝	柞蚕水缫丝
原料代号	4517	定长	46.7 m	幅宽	96 cm	定重	2.4 kg

续表

设备	项目	精练	漂白	过酸	脱水
	类型	瓷砖槽	瓷砖槽	过配机	离心脱水机
	规格	1.6 m×1 m×1.4 m	1.6 m×1 m×1.2 m	(1.3 m×1.3 m×0.8 m) ×5个	日本

项目	药剂名称	第一次	第二次	第三次	工艺条件	
前处理	纯碱	0.5 g/e			温度	55~60℃
					时间	3 h
精练	肥皂	6 kg	1.8 kg	0.9 kg	温度	96~97℃
	纯碱	2"	0.6"	0.3"	时间	90 min
	雷米帮	3"	0.9"	0.45"	浴比	1:30
	水量	1.900 kg			定数	20
					pH	
水煮	清水	1.900 kg			温度	90~95℃
					时间	30 min
					浴比	1:30
漂白	双氧水	10 kg		按消耗量数据补加	温度	60~80℃
	硅酸钠	2 kg			时间	7 h
	水量	1600 kg			定数	30
水煮	清水	1600 kg			温度	60~65℃
					时间	30 min
					定数	30
水洗	温水抬洗一次			整理要求		
	冷水抬洗一次					
过酸	温度	20℃	酸量	醋酸98%, 1 g/L	时间 40 min	
脱水	速度	700 r/min	含水率	75%~80%		
工艺过程	准备→挂圆码→钉线→浸泡→精练→水煮→水洗→漂白→水煮→水洗→过酸→脱水					

十二、整理工艺卡（表 5-1-5）

表 5-1-5 整理工艺卡

织物名称	风华绫	加工类别	漂	纤维种类	柞桑交织	组织	斜纹
代号	4517	成品定长	45.72 m	成品幅宽	91.5 cm	成品重量	2.52 kg
工艺条件		干燥		润绸	拉宽	平光	挂码
		室干	机干				
设备型号			八只滚筒干燥机		布铗拉幅机	呢毯平光机	码布机
汽压（kg/cm²）			0.5		1.5	1.5	
车速（m/min）			20		20	20	40
含水率（%）			15~20				
幅宽（cm）					93b	91.5b	

（1）缩水率：经缩 1.5% 纬缩 -1%
（2）织物强力：经强力 kg 纬强力 kg

备注：机干两篇为克服折印

第二章　千山绸

织物风格特征：质地厚实，坚牢耐用，透气性良好，富有弹性，绸面呈现凸凹不平的半平素效果，织物风格新颖特殊，是对外销售的高级服装面料。千山绸丝织物如图 5-2-1 所示。

彩图

图 5-2-1　千山绸丝织物

一、经纬丝工艺程序（表 5-2-1）

表 5-2-1　工艺程序

经丝		纬丝	
次序	工序名称	次序	工序名称
1	选丝	1	选丝
2	络丝	2	络丝
3	合丝	3	并丝
4	捻丝	4	反丝
5	整经	5	染丝
6	织造	6	烘干
7	漂练	7	选丝
		8	络丝
		9	卷纬
		10	织造
		11	漂练

二、练漂工艺卡（表5-2-2）

表5-2-2　练漂工艺卡

织物名称	千山绸		织造厂地	海城丝绸厂	经丝	35旦柞蚕水缫丝	5032纬丝5080	400旦2000疙瘩丝
原料代号	5037，5080		定长	30.62 m	幅宽	93 cm	定重	3.78 kg，2.53 kg

设备	项目		精练	漂白	过酸	脱水	
	类型		水泥瓷砖槽		同特（精）练	离心脱水机	
	规格	长	宽	高			
		1.6 m	1.1 m	1.4 m			

项目	药剂名称	第一次	第二次	第三次	工艺条件	
前处理	洁（清）水				温度	50~60℃
					时间	20 min
精练	肥皂	4.2	2.5	1.5	温度	(100±2)℃
	纯碱	3	1.8	1.1	时间	1 h
	红油	1	0.6	0.36	浴比	1∶30
	雷米帮	2	1.2	0.7	定数	15
	磷酸三钠	1			pH	9~10
水煮	平之加	0.3	0.2	0.1	温度	98~100℃
	磷酸三钠	1			时间	30 min
					定数	15
漂白					温度	
					时间	
					定数	
水煮					温度	
					时间	
					定数	
水洗	温度	75~80℃	40~45℃	整理要求		
过酸	温度	40~45℃	酸量 72 g/匹		速度	15 m/min
脱水	速度	550 r/min	含水量 70%~75%			

工艺流程	浸泡→初练→复练→水洗→过酸→脱水
备注	过硫酸（66°Bé），打底酸 2000 cc（1 cc/立升）；5080 色绸锭数是 1.8 锭

三、整理工艺卡（表5-2-3）

表5-2-3　整理工艺卡

织物名称	千山绸	加工类别	练漂	纤维种类	柞蚕丝	组织	平纹
代号	5037	成品定长	30 m	成品幅宽	91.5 cm	成品重量	3.633 kg

工艺条件	干燥		润绸	拉宽	平光	挂码
	室干	机干				
设备型号	悬挂烘干		人工润绸（干混，干）	布铗拉幅	单辊平光	木架人工挂码
设备规格						
汽压（kg/cm²）				一　二　三　四 1.2~2.5　3　3	2~2.5	
车速（m/min）				22	23	
含水率（%）				20~23	10~13	
喷汽接门转数						
散热片接门转数						
幅宽（cm）				97~98	96~97	100

备注	平光两次	一、缩水率 经缩：　　　　3%~4% 纬缩：　　　　2%~3% 二、织物强力 经强力：　　　　kg 纬强力：　　　　kg

第三章 鸭江绸

鸭江绸是柞蚕丝绸织物中的一个大品种。鸭江绸以普通柞蚕丝作经,以特种工艺丝(以手工纹制,丝条上形成粗细、形状不同的疙瘩)作纬,也可将两种丝间隔排列作经纬,或经纬均采用特种工艺丝。织物质地厚实粗犷,绸面散布大小与形状不一的粗节,风格别致,织物紧密,富有弹性,坚牢耐用。鸭江绸丝织物如图5-3-1所示。

彩图

图5-3-1 鸭江绸丝织物

一、织物规格(表5-3-1)

表5-3-1 织物规格

成品规格		织造规格			
外幅	91.5 cm	钢筘	筘号20齿/英寸,内幅110.5 cm		
内幅	91.5 cm	筘齿	内幅870齿		
经密	95.1 根/10 cm	穿入数	内幅1根/齿		
纬密	75.5 根/10 cm	经丝数	内幅870根		
长度	27.43 m	纬密	71 根/10 cm	经组合	2300 旦/1 大条丝
				纬组合	1600 旦/1 大条丝
重量	9.26 kg	基本组织	平纹	边组织	—
原料重量	413.8 g/m	长度	29.20 m	重量	11.58 kg

二、经纬丝工艺流程（表5-3-2）

表5-3-2　工艺流程

经丝		纬丝	
次序	工序名称	次序	工序名称
1	原料检验	1	压料梭酸
2	选配	2	初选
3	浆丝	3	浸泡
4	烘丝	4	烘丝
5	络丝	5	选配
6	整经	6	络丝
7	织绸	7	卷纬
		8	织绸

注　浸泡30 min，浴比1∶5，脱水后含水率60%再烘干。烘丝：45~50℃，时间24 h。

三、原料质量的要求（表5-3-3）

表5-3-3　原料质量指标

项目	经	纬
原料名称	柞蚕大条丝	柞蚕大条丝
名义条份或纤度	23000	1600旦
捻度捻向	2~4捻/英寸右向	2~4捻/英寸右向
断裂伸长	不大于25%	不大于23%
断裂强力	不低于1.2 g/旦	不低于1.03 g/旦
条份最大偏差	2200~2400旦	1500~1700旦
条份偏差	9%	11%
抱合力	良好	良好
色泽	一致	一致

四、络丝（经）

原料：2300 旦柞蚕大条丝。

1. 设备

（1）络丝机器：铁木络丝机。

（2）锭子：双弹簧式，230 g。

（3）摩擦盘：直径为 16 cm。

（4）锭子轮：直径为 3.2 cm。

（5）绷架：六角式。

（6）重锤：重量为 400 g。

2. 卷装

（1）绞丝周长：120 cm。

（2）绞丝重量：85 g。

（3）卷绕筒子容丝量：118 g。

（4）卷绕筒子名称：络丝特大筒子。

（5）筒子规格：内径 4.0 cm；外径 9.2 cm；筒心长度 8.0 cm；重量 150 g。

3. 工艺设计

（1）主轴速度：（114±3）r/min。

（2）锭速：（570±14）r/min。

（3）线速：（118±3）m/min。

（4）导丝杆往复速度：16.5 次/min。

（5）导丝杆动程：8.0 cm/次。

（6）丝条张力：（160±10）g。

（7）看锭量：4 锭/人。

（8）锭时理论产量：1809 g。

（9）锭时实际产量：733 g。

（10）效率：40.7%。

（11）回丝率：0.3%。

（12）车间温度：（25±5）℃。

（13）车间相对湿度：（65±5）%。

4. 注意事项

（1）撑子圆正光滑，撑子钉无乱丝。

（2）蓬好丝绞再挂丝、找头单根挑、找清头、防止乱绞板。

（3）接叉扣用小剪、余头短、疙瘩少。

（4）注意安全、手上乱丝捻好及时送进口袋、防止造成事故。

五、整经

1. 设备

（1）整经机器：分条整经机。

（2）筒子架：平形筒子架。

（3）分绞筘：4 羽/英寸 19 cm（高）×53 cm（宽）。

（4）定幅筘：10 羽/英寸 12 cm（高）×20 cm（宽）；移动距离：7.9 cm。

（5）大圆框规格：周长：300 cm；宽度：160 cm。

2. 卷装

（1）退绕筒子名称：捻丝大型筒子。

（2）空经轴规格类型：有边铁经轴；有效长度 130 cm。

3. 上机参数

（1）经线数：内经 870 根；边经 0 根。

（2）整经幅度：（115±1）cm。

（3）每条整经数：88 根。

（4）每条整经宽度：11.4 cm。

（5）整经条数：10 条。

（6）末条经丝数：78 根。

（7）定幅筘密度：10 羽/英寸。

（8）定幅筘每齿穿入数：2 根。

（9）每条搭头空隙：0.05~0.1 cm。

（10）整经匹长：31.3 m。

（11）整经匹数：5。

（12）经丝重量：6.96 kg/匹。

（13）回丝率：0.03%。

4. 工艺设计

（1）大轮转数：（22±1）r/min。

（2）整经线速：（66±3）m/min。

（3）上轴速度：（28±2）r/min。

（4）筒子架与分绞筘距离：2.5 m。

（5）分绞筘与定幅筘距离：100 cm。

（6）整经张力：中间（50±10）g；两边（55±10）g。

（7）上轴张力：（80±10）g。

（8）车间温度：（25±5）℃。

（9）车间相对湿度：（65±5）%。

5. 注意事项

（1）找大轮的断头必须找清，防止抽头。

（2）换筒、接头接叉扣用小剪、余尾短、疙瘩小。

（3）卷经时，栓绞松紧一致、卷正、卷紧、卷圆。

六、浆丝（纱）（拖浆）

1. 设备

浆丝机器：复摇式单浆机。

2. 工艺设计

（1）浆液成分。

①丹东原料配方：羧甲基纤维素钠：1.4%；骨胶：1.4%；拉开粉：0.07%；水：97.13%。

②凤城原料配方：CMC：1.4%；骨胶：4%；拉开粉：0.07%；水：94.53%；流速：188~190 s/恩；浓度：2 Be°。

（2）浆槽温度：（40~50）℃。

（3）上浆率：（8~10）%。

（4）回潮率：14%~16%。

（5）线速：（138±1）m/min。

（6）台时实际产量：3 kg。

（7）看台定额：3 人/台。

（8）调浆方法：

①先把 CMC 用大量水搅拌成糊状后加 40~50℃温水，浸泡 48~72 h。

②骨胶用冷水浸泡 24 h 后，用蒸汽加热，使之溶解过滤后，再加入溶解好的拉开粉。

③将 CMC 过滤，并倒入已释配好的骨胶溶液中进行充分搅拌均匀。

3. 注意事项

（1）由于丝条吸浆率大，则需随时往浆槽中加入浆液，保持吸浆率一致。

（2）丝条从棚架导出必须经过浆槽中玻璃棍下传导，再经过导丝钩导入框头上，在导丝钩上必须夹上 3~4 尺的毛毡，每班必须换洗一次毛毡，以达吸浆率一致。

（3）浆后的框头必须立即放在 40~48℃的烘房中烘 24 h，回潮率符合要求方可卸下丝吭。

七、络丝（纬）

1. 设备

（1）络丝机器：铁木络丝机。

（2）锭子：双弹簧式，重量为 230 g。

（3）摩擦盘：直径为 16 cm。

（4）锭子轮：直径为 3.2 cm。

（5）绷架：六角式。

（6）重锤：重量为 400 g。

2. 卷装

（1）绞丝周长：120 cm。

（2）绞丝重量：60 g。

（3）卷绕筒子容丝量：118 g。

（4）卷装筒子名称：络丝特大筒子。

（5）筒子规格：内径 4.0 cm；外径 9.2 cm；筒心长度 8.0 cm，重量 150 g。

3. 工艺设计

（1）主轴速度：（114±3）r/min。

（2）锭速：（570±14）r/min。

（3）线速：（118±3）m/min。

（4）导丝杆往复速度：16.5 次/min。

（5）导丝杆动程：8 cm/次。

（6）丝条张力：（160±10）g。

（7）看锭量：4 锭/人。

（8）锭时理论产量：1259 g。

（9）锭时实际产量：667 g。

（10）效率：53%。

（11）回丝率：0.3%。

（12）车间温度：（25±5）℃。

（13）车间相对湿度：（65±5）%。

4. 注意事项

（1）撑子圆正光滑，撑子钉无乱丝。

（2）蓬好丝绞再挂丝、找头单根挑、找清头、防止乱绞板。

（3）接叉扣用小剪、余头短、疙瘩少。

（4）注意安全、手上乱丝捻好及时送进口袋、防止造成事故。

八、卷纬

原料名称：1600 柞蚕大条丝。

1. 设备

（1）卷纬机器：捷克卷纬机。

（2）摩擦盘：主动盘直径为 20.6 cm；被动盘直径为 5 cm。

（3）成形套筒。

（4）张力装置：跳头式。

2. 卷装

（1）纬管规格型号：120 号。

（2）纬管有效长度：12.5 cm。

（3）纬管容丝量：18 g。

3. 工艺设计

（1）主轴速度：（910±10）r/min。

（2）锭速：（3730±40）r/min。

（3）线速：（193.6±2）m/min。

（4）卷绕方向：左。

（5）锭子往复速度：60.5 次/min。

（6）花绞长度：3.2 cm。

（7）丝条张力：（160±10）g。

（8）看锭量：4 锭/人。

（9）锭时理论产量：2.07 kg。

（10）锭时实际产量：0.777 kg。

（11）效率：37.5%。

（12）回丝率：0.05%。

（13）纬穗回潮率：9%~11%。

（14）车间温度：（25±5）℃。

（15）车间相对湿度：（65±5）%。

4. 注意事项

（1）丝管压住头、中间接头接叉扣、用小剪、余头短。

（2）按筒子直径和温湿度变化调节松紧器，克服松紧穗。

（3）换管、开车手不许握乱丝，防止产生事故。

九、织造

1. 设备

（1）织造机器：铁木织机。

（2）有效筘幅：165 cm。

（3）有效机身长度：1.8 m。

（4）开口机构类型：踏盘。

（5）送经装置类型：消极式。

（6）卷取装置类型：积极式。

（7）梭箱数：1×1。

（8）梭子类型：120 #。

（9）综丝型号：10　1/4。

（10）幅撑类型：刺辊式。

2. 上机参数

（1）总经根数：870 根。

（2）综框片数：二片双页。

（3）提综次序：1、2。

（4）钢筘密度：20 齿/英寸，幅度：110.5 cm。

（5）钢筘有效高度：8 cm。

3. 工艺参数

（1）梭口高度（梭子前壁距上层经丝距离）：0.3~0.7 cm。

（2）开口最大时下层经丝距走梭板距离：0.05~0.1 cm。

（3）综平度：4.5~5 cm。

（4）投梭开始时筘到织口距离：4.5~5.5 cm。

（5）后梁低于胸梁：5.5~6.5 cm。

（6）走梭板弧度：0.2~0.3 cm。

（7）筘与走梭板角度：90°。

（8）综平时综眼低于经直线：1.5~2.5 cm。

4. 工艺设计

（1）主轴速度：（100±2）r/min。

（2）经缩率：6.7%。

（3）在机纬密：19 捻/英寸。

（4）台时实际产量：11 m。

（5）台时实际产量：3.5 m。

（6）效率：31.82%。

（7）回丝率：0.25%。

（8）看台量：1 台/人。

（9）车间温度：（25 ± 5）℃。

（10）车间相对湿度：（65±5）%。

5. 注意事项

（1）细致检查绸面，注意防止破洞、档子、断头等疵点。

（2）注意选穗子，掌握条份，色泽均匀。

十、练漂工艺卡（表 5-3-4）

表 5-3-4　练漂工艺卡

织物名称		鸭江绸	织造厂地		绸一厂			经	柞	纬	柞
原料代号		2300	定长		29.2 m			幅宽	102 cm	匹重	11.58 kg
设备类型		精练机规格（m）						1.3 m×1.3 m×0.8 m			
	药剂	第一槽	第二槽	第三槽	第四槽	第五槽	第六槽	第七槽	第八槽	工艺	条件
浸泡	纯碱	1 kg								液量	1500 L
										温度	70℃
										时间	30 min
第一次精练	肥皂		5 kg	5 kg	5 kg	5 kg				时间	40 min
	纯碱		4 kg	4 kg	4 kg	4 kg				温度	97~98℃
										浴比	1∶26
										定数	18
水煮	清水						1900 kg			温度	95℃
										时间	30 min
水洗	清水						1900 kg			温度	45~50℃
第二次精练	肥皂		2.1	2.1	1.8	1.8				温度	97~98℃
	纯碱		1.8	1.5	1.0	1.0				时间	40 min
水煮	清水						1900 kg			温度	95℃
										时间	30 min
	清水						1900 kg			温度	45~50℃
过酸	温度	45℃		酸量		硫酸 66°Bé　2500 cc				速度	36 r/min
脱水	速度	700 r/min		含水率		75%~80%					
流程	准备→缝头→浸泡→精练→水煮→水洗→过酸→脱水→烘干										

十一、整理工艺卡（表5-3-5）

表5-3-5　整理工艺卡

织物名称	鸭江绸	加工类别	练	纤维种类	大条捻丝	组织	平纹
代号	2300	成品匹长	27.43 m	成品幅宽	91.5 cm	成品重量	9.26 kg
工艺条件	干燥		润绸	拉宽	平光	挂码
	室干	机干				
设备型号	烘干室挂干	八只滚筒烘干		布铗拉幅机	压光	码布机
设备规格						
汽压（kg/cm^2）		0.8			0.5	
车速（m/min）		25		20	15	40
含水率（%）						
喷汽接门转数						
散热片接门转数						
幅宽（cm）		92		98~100	93~94	
温度（℃）	40~50					

（1）缩水率：经缩/%　纬缩/%

（2）织物强力：经强力　纬强力

第四章　柞丝绸

织物风格特征：柞丝绸组织细密匀净、绸品平正光滑、质地轻软、弹性良好、光泽柔和自然，具有吸湿性、透气性、耐晒、绝缘、强力大的特点，适宜制作内衣，衣着飘荡绮丽、冬暖夏凉、服用舒适。

一、织物规格（表 5-4-1）

表 5-4-1　织物规格

成品规格		织造规格			
外幅	85 cm	钢筘	筘号 40 齿/英寸，内幅 40.81 cm，边幅 0.315 cm×2		
内幅	84.4 cm	筘齿	内幅 870 齿，边幅 5 根×2 齿		
经密	338.8 根/10 cm	穿入数	内幅 2 根/齿，边幅 4 根/齿		
纬密	331.2 根/10 cm	经丝数	内幅 2860 根+边丝 20×2＝2900 根		
长度	50 m	纬密	295.3 根/10 cm	经组合	35/2 旦/107S 向
				纬组合	35/4 旦/45S 向
重量	练 3.13 kg，漂 3.09 kg	基本组织	平纹	边组织	纬重平
原料重量	练 3.13 g/m，漂 3.09 g/m	长度	52.7 m	重量	3.64 kg

二、工艺流程（表 5-4-2）

表 5-4-2　工艺流程

经丝		纬丝	
次序	工序名称	次序	工序名称
1	蒸丝	1	蒸丝
2	选丝	2	选丝
3	络丝	3	络丝
4	并丝	4	并丝
5	捻丝	5	卷纬
6	整经	6	织造
7	浆丝		
8	织造（包括穿综捻接）		

三、原料质量的要求

（1）原料名称：柞蚕水缫丝。

（2）名义条份或纤度：35 旦。

（3）断裂伸长：不大于 28%。

（4）断裂强力：不低于 2.8 g/旦。

（5）平均公量条份或纤度：35 旦。

（6）条份均匀分数：80~90 分。

（7）条份最低均匀分数：70 分。

（8）条份最大偏差：±3 旦。

（9）条份偏差：1.72%。

（10）纤度不匀率：不超过 5%。

（11）洁净分数：95 分以上。

（12）清洁分数：85 分以上。

（13）抱合力：不低于 25 次。

（14）色泽：浅黄色。

四、蒸丝和烘丝

（一）蒸丝

1. 设备

蒸箱。

2. 工艺设计

（1）蒸丝量：53~55 kg。

（2）汽压：经丝 1.2 kg/cm^2；纬丝 1.2 kg/cm^2。

（3）时间：经丝：35 min；纬丝：35 min。

（4）蒸后回潮率：12%~15%。

（5）蒸后回缩率：4%~5%。

3. 注意事项

（1）严格执行三定，即定量、定长、定时间，保证将丝蒸透蒸匀。

（2）注意清洗时，防止沾染水污。

（3）丝出箱立即将丝包打开进行凉丝使蒸汽散尽。

（二）烘丝

1. 设备

（1）烘丝设备：干燥室。

（2）加热装置：暖气。

（3）放丝架：长 6 m；宽 1 m；高 2 m（四层）。

2. 工艺设计

（1）烘丝温度：干季 40~42℃；雨季 40~50℃。

（2）相对湿度：不大于 50%。

（3）烘丝时间干季：16~20 h；雨季：16~20 h。

（4）绞丝放置厚度：不超过 3 条。

（5）烘后回潮率：干季 6%~7%；雨季 7%~8%。

3. 烘后选配丝要求

根据 35 旦柞蚕水缫丝质量较好花色和毛丝较少，捻合良好的特点，依据情况进行选丝，将重花色丝、沾污、毛丝剔出，不再配色，直接投入生产。

五、络丝

1. 设备

（1）络丝机器：双层双面络丝机。

（2）锭子：双弹簧式，重量为 80~90 g。

（3）摩擦盘：直径 13. 4 cm。

（4）锭子轮：直径为 3. 2 cm。

（5）绷架：六角式。

（6）重锤：重量不大于 120 g。

2. 卷装

（1）绞丝周长：125~132 cm。

（2）绞丝重量：55~65 g。

（3）卷绕筒子容丝量：70 g。

（4）卷绕筒子名称：有边筒子。

（5）筒子规格：内径 2. 8 cm；外径 5. 8 cm；筒心长度 9. 4 cm。

3. 工艺设计

（1）主轴速度：200~215 r/min。

（2）锭速：880~900 r/min。

（3）线速：110~120 m/min。

（4）导丝杆往复速度：13 次/min。

（5）导丝杆动程：9. 0 cm/次。

（6）丝条张力：不大于 40 g。

（7）看锭量：60 锭/人。

（8）锭时理论产量：30~32 g。

（9）锭时实际产量：27~29 g。

（10）效率：90%。

（11）回丝率：0.15%。

（12）车间温度：（25±5）℃。

（13）车间相对湿度：（62±5）%。

4. 注意事项

（1）挂丝要圆，绞板要正。

（2）接一等机，使用小剪，舍尾不超过 0.3 cm。

（3）根据气候的变化，随时间调节丝条张力，达到标准要求。上吊丝要掐去。

（4）有硬边硬角丝，不准用咀咬或润水。

（5）绷架铁芯上乱丝要随时割除。

（6）钢纸规格标准，除子弹簧不失效。

六、并丝

1. 设备

（1）并丝机器：K071 并丝机。

（2）导丝轮：直径为 4.8 cm。

（3）锭子轮：直径为 2 cm。

2. 卷装

（1）卷绕筒子名称：中型高脚筒子。

（2）卷绕容丝量：经 45 g，边 50 g。

（3）卷绕筒子容丝长度：经 578000 cm；纬 321000 cm。

（4）筒子规格：内径 2.8 cm；外径 5.0 cm；内长 10.0 cm；外长 12.0 cm；重量 70~75 g。

3. 工艺设计

（1）主轴速度：经 190~195 r/min；纬 210~215 r/min。

（2）锭速：经 2800 r/min；纬 3000 r/min。

（3）线速：经 26~28 m/min；纬 21~23 m/min。

（4）导轮转数：经 180 r/min；纬 150 r/min。

（5）丝条经导轮圈数：3 圈。

（6）导轮上部丝条张力：（20±5）g。

（7）导轮下部丝条张力：（18±4）g。

（8）钢针规格：23#。

（9）捻度：经 3 捻/英寸；纬 4 捻/英寸。

（10）捻向：经左；纬左。

（11）看锭量：150（经纬）锭/人。

（12）锭时理论产量：经 12 g；纬 22 g。

（13）锭时实际产量：经 10 g；纬 19.5 g。

（14）效率：经 82%；纬 88.6%。

（15）回丝率：0.15%。

（16）车间温度：（25±5）℃。

（17）车间相对湿度：（62±5）%。

4. 注意事项

（1）经常检查及时调节钢丝钩，保持筒子成形良好，张力一致。

（2）实行分股接头，一等机，用小剪，舍尾不超过 0.3 cm。

（3）要保持筒子直径卷绕一致，每班 7.5 h，经换 2 次筒子，纬换 3 次筒子。

（4）交接时认真扶机，做好四洁——手、机、地、筒的清洁。

（5）锭子必须位于钢领中心，锭子、导丝钩、导轮三者成一直线，筒子平时垫需齐全，乱丝及时去除干净。

七、捻丝

1. 设备

（1）捻丝机器：K091 捻线机。

（2）导丝轮：直径为 24 cm。

（3）锭子轮：直径为 9.5 cm。

2. 卷装

（1）卷绕筒子名称：有边筒子。

（2）卷绕筒子容丝量：66 g。

（3）卷绕筒子容丝长度：经 8480 m。

（4）筒子规格：内径 3.5 cm；外径 6.8 cm；内长 8.3 cm。

3. 工艺设计

（1）主轴速度：750 r/min。

（2）锭速：9000 r/min。

（3）线速：31 m/min。

（4）导丝勾绕法：1 道。

（5）导丝花绞长度：7.8 cm。

（6）导丝速度：12 次/min。

（7）导丝杆动程：8.2 cm/次。

（8）捻度：7 捻/英寸。

（9）捻向：左。

（10）丝条张力：10~18 N。

（11）看锭量：200 锭/人。

（12）锭时理论产量：13 g。

（13）锭时实际产量：12 g。

（14）效率：92%。

（15）回丝率：0.1%。

（16）车间温度：（25±5）℃。

（17）车间相对湿度：（62±5）%。

4. 注意事项

（1）接一等机，用两次小剪，余尾不超过 0.3 cm，接头换筒子时避免多捻或少捻。

（2）理论设备正常运行，换筒前中途不停车。

（3）锭子之间安装隔丝板，防止卷绕相碰断头。

（4）经常保持清洁，交接班和工间换好机，防止沾污。

八、整经

1. 设备

（1）整经机器：分条整经机。

（2）筒子架：弧形筒子架。

（3）分绞筘：18 羽/英寸。

（4）定幅筘：40 羽/英寸，移动距离：20 cm。

（5）大圆框：周长为 257 cm；宽度为 180～200 cm。

2. 卷装

（1）退绕筒子名称：有边筒子。

（2）空经轴规格类型：无边盘铁经轴；有效长度为 135 cm。

3. 上机参数

（1）经线数：内经 2860 根；边经 20×2 根。

（2）整经幅度：（97±1）cm。

（3）每条整经数：224 根。

（4）每条整经宽度：7.3 cm。

（5）整经条数：13 条。

（6）末条经丝数：212 根。

（7）定幅筘密度：40 羽/英寸。

（8）定幅筘每齿穿入数：2 根。

（9）每条搭头空隙：0.1～0.2 cm。

（10）整经匹长：52.1 m。

（11）整经匹数：15。

（12）经丝重量：1.31 kg/匹。

（13）回丝率：0.03%。

4. 工艺设计

（1）大轮转数：（19±1）r/min。

（2）整经线速：64~71 m/min。

（3）上轴速度：29~30 r/min。

（4）筒子架与分绞筘距离：2.7 m。

（5）分绞筘与定幅筘距离：100 cm。

（6）整经张力：中间 15~26 g；两边 15~28 g。

（7）上轴张力：50~60 g。

（8）车间温度：（25±5）℃。

（9）车间相对湿度：（62±5）%。

5. 注意事项

（1）绞缝要对标准，绞缝不超过 0.2 cm。

（2）断头接头时要剪断 2 m 左右，接头使用小剪，余尾的不超过 0.3 cm。

（3）操作要做到三轻（换筒子轻、接头轻、转筒子轻）一稳（开关车稳）。

（4）换筒子接头，用筒子接头捻机，避免紧经。

（5）要两端打绞，上轴后一定在末端贴纸条。

（6）定幅筘和分绞筘和筒子中心成一直线。

（7）筒子架标准，筒子辊光滑平直，保证筒子退绕灵活。

（8）定幅筘和分绞筘光滑。

九、浆丝

1. 设备

（1）浆丝机器：三烘筒浆丝机。

（2）变速装置：铁炮式。

（3）压浆辊：重量为 40 kg。

（4）压浆辊包布材料：粗纱布 2~3 层。

（5）经轴：无盘铁经轴。

2. 工艺设计

（1）浆液成分：CMC：0.1%，骨胶：1.6%，红油：0.7%，拉开粉：0.15%，水：97.45%。其他：流速：54.5~50 s/恩，浓度：1.2Be°。

（2）浆槽温度：40~50℃。

（3）烘筒气压：第一烘筒 0~0.1 kg/cm^2；第二烘筒 1~1.2 kg/cm^2；第三烘筒 0.8~1 kg/cm^2。

（4）伸长率：6%~7%。

（5）上浆率：3%~4%。

（6）回潮率：11%。

（7）线速：15~18 m/min。

（8）卷取张力：60~80 g。

（9）台时实际产量：15 kg。

（10）看台定额：2 人/台。

3. 调浆方法

（1）用大量水把 CMC 搅拌成糊状后加 40~50℃温水浸泡 24~36 h。

（2）骨胶用冷水浸泡 24 h，蒸汽加热、溶解、过滤，再加入溶解好的红油和拉开粉。

（3）将 CMC 过滤，倒入已释配好的骨胶溶液中进行充分搅拌均匀，测定辊速，达到要求后方可使用。

4. 注意事项

（1）各绞张力要求保持一致。

（2）接绞时要接单绞，防止滚绞。

（3）根据天气和经轴直径变化，及时调节。

（4）每浆完 3 个经轴，调动浆液 1 次。

（5）做好清洁工作。

十、卷纬

1. 设备

（1）卷纬机器：K191 型自动卷纬机。

（2）摩擦盘。

（3）成形套筒。

（4）张力装置：跳头式。

2. 卷装

（1）纬管规格型号：15 cm。

（2）纬管有效长度：12（全长 15）cm。

（3）纬管容丝量：12 g。

3. 工艺设计

（1）主轴速度：295 r/min。

（2）锭速：2400 r/min。

（3）线速：120 m/min。

（4）卷绕方向：顺时针。

（5）锭子往复速度：（131±1）次/min。

（6）花绞长度：3.1~3.3 cm。

（7）丝条张力：80~100 g。

（8）看锭量：24 锭/人。

（9）锭时理论产量：0.11 kg。

（10）锭时实际产量：0.09 kg。

（11）效率：82%。

（12）回丝率：0.01%。

（13）纬穗回潮率：9%~10%。

（14）车间温度：（25±5）℃。

（15）车间相对湿度：（62±5）%。

4. 注意事项

（1）根据天气变化和筒子直径及时调节，一个筒子调节张力3次，保证松紧一致。

（2）严格执行三不停车：中间断头，因穗子不通，中间断头不接头。

（3）加强巡回检查，预防掉勾穗子，靠边筒子产生，若有掉勾和穗子剔出，另行处理。

（4）做好备纱准备，长度标准，位置准确不吊勾，加强设备保养。

十一、织造

1. 设备

（1）织造机器：K251 自动织绸机。

（2）有效筘幅：115 cm。

（3）有效机身长度：2.3 m。

（4）开口机构类型：踏盘。

（5）送经装置类型：积极式。

（6）卷取装置类型：积极式。

（7）梭箱数：1×1。

（8）梭子类型：24 号。

（9）综丝型号：13 英寸中眼。

（10）幅撑类型：圆柱形。

（11）护经装置类型：筘式。

2. 上机参数

（1）总经根数：2900 根。

（2）综框片数：4 片。

（3）提综次序：1、3、2、4。

（4）钢筘密度：40 齿/英寸；幅度：91.44 cm。

（5）内综穿法：1、2、3、4。

（6）边综穿法：1、2。

3. 工艺参数

（1）梭口高度（梭子前壁距上层经丝距离）：0.2~0.3 cm。

（2）开口最大时下层经丝距走梭板距离：0.1~0.15 cm。

（3）综平度：5~6 cm。

（4）投梭开始时筘到织口距离：4.5~5 cm。

（5）后梁低于胸梁：4~5 cm。

（6）走梭板弧度：0.1~0.15 cm。

（7）筘与走梭板角度：90°。

（8）综平时综眼低于经直线：0.8~1 cm。

4. 工艺设计

（1）主轴速度：165 r/min。

（2）经缩率：2%。

（3）在机纬密：73 捻/英寸。

（4）台时实际产量：3.25 m。

（5）台时实际产量：2.9 m。

（6）效率：89.2%。

（7）回丝率：0.2%。

（8）看台量：4~8 台/人。

（9）车间温度：(25±5)℃。

（10）车间相对湿度：(68±4)%。

5. 注意事项

（1）织机断头要停机外接，使经丝张力松紧一致，以避免接头不当产生的经纱疵点。

（2）根据经轴直径的大小和相对湿度的变化，正确掌握与调节理论容量，保证坯绸幅宽和长度的正确。

（3）加强巡逻，认真剪好毛，细微检查绸面，防止宽急经纱、明丝的产生。

十二、卷染工艺卡（表5-4-3）

表5-4-3　卷染工艺卡

织物名称	柞丝绸	厂别	凤城	绸坯样	成品样
色号	练	纤维	水缫丝		
每次匹数	12	分类	一、二类		
长 50 m，宽 84 cm，重 3.2 kg		设备类型	M122~0401		
设备规格		速度（m/min）	56.5		

工序	染化料名称	规格	用量（g）	水量	道数	工艺条件
前处理	烧碱	固体	400	150L		水洗：练40℃ 1道→60℃ 1道→沸水8道
	雷米帮	A	1000			
	胰酶	转化率600%	1500			
染色	水洗：沸水4道（2道换水）→60℃ 2道→40℃ 2道；酶处理：40℃ 6道→上卷（不洗）					
固色	水洗：酶处理时加入胰酶和一包盐，处理后保持40℃放置12 h以上。					

十三、整理工艺卡（表5-4-4）

表5-4-4　整理工艺卡

织物名称	柞丝绸	加工类别	绳染	纤维种类	柞蚕水缫丝	组织	平纹
代号		成品定长	50 m	成品幅宽	85 cm	成品重量	3.09 kg
工艺条件		干燥		润绸	拉宽	平光	挂码
		室干	机干				
设备型号			烘干机		拉幅机	呢毯平光机	码布机
设备规格			八只滚筒		布铗拉幅机	呢毯平光机	往复
汽压（kg/cm²）			一次0.6~0.7 二次0.3~0.4		2	1.5~2	
车速（m/min）			20		30	20	
次数			2		1		
备注		流程：烘干→拉幅→平光→挂码		一、缩水率：经缩+4.25%；纬缩-0.5% 二、织物强力：经强力/kg，纬强力/kg			

十四、绳状染色工艺卡（一）（表5-4-5）

表5-4-5　绳状染色工艺卡（一）

织物名称	柞丝绸	厂别	凤城	绸坯样	成品样
色号	漂白	纤维	柞蚕水缫丝		
每次匹数	12	分类	一、二类		
长50 m，宽84 cm，重3.2 kg		销售对象	内销		
设备名称	绳状机	设备类型	瓷槽		
设备规格		速度	45 m/min		

续表

工序名称	染化料名称	规格	用量（g）	时间	浴比	注意事项
染前处理	双氧水	35%	9600	120 min	1 : 30	
	平平加 O	0	200			
	碳酸钠	转化率600%	2000			
染色						
固色或过酸						

十五、绳状染色工艺卡（二）（表5-4-6）

表5-4-6　绳状染色工艺卡（二）

织物名称	柞丝绸	厂别	凤城		绸坯样	成品样
色号	(5023) 1 号	纤维	柞蚕水缫丝			
每次匹数	12	分类	一、二类			
长 50 m，宽 84 cm，重 3.2 kg		销售对象	内销			
设备名称	绳状机	设备类型	瓷槽			
设备规格		速度	45 m/min			
工序名称	染化料名称	规格	用量（g）	时间	浴比	注意事项
染前处理	平平加 O	0	150	30 min	1 : 30	
染色	依格诺尔兰	BS		100min	1 : 30	
	卡普伦桃红	BS				
	雷米帮	A				
固色或过酸	HA2		2000	15 min	1 : 30	（1）水洗45℃，2 次每次 10 min；（2）过酸50℃，15 min
	印力定		250			

第五章 柞丝绸

织物风格特征：质地轻薄，手感柔软，富有弹性，透气性良好，织纹美观。突破了平纹织物的单调感，可以做男女衬衣面料及印花坯绸。柞丝绸丝织物如图5-5-1所示。

彩图

图5-5-1 柞丝绸丝织物

一、织物规格（表5-5-1）

表5-5-1 织物规格

成品规格		织造规格			
外幅	91.5 cm	钢筘	筘号37齿/英寸，内幅97.4 cm，边幅0.55 cm×2		
内幅	90.8 cm	筘齿	内幅1419齿，边幅8×2齿		
经密	468.9根/10 cm	穿入数	内幅3根/齿，边幅4根/齿		
纬密	350.9根/10 cm	经丝数	内幅4258根+边丝32×2 = 64根		
长度	45.72 m	纬密	346.5根/10 cm	经组合	35旦/2药水丝
				纬组合	35旦/3药水丝
重量	3.07 kg	基本组织	绉组织	边组织	方平
原料重量	80.9 g/m	长度	46.3 m	重量	3.66 kg

备注	上机图	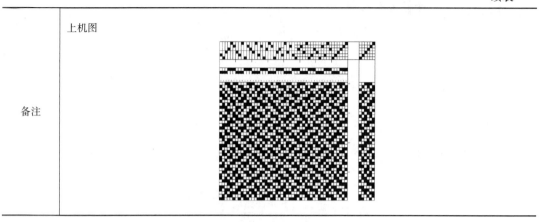

二、经纬丝工艺程序（表5-5-2）

表5-5-2　经纬丝工艺程序

经丝		纬丝	
次序	工序名称	次序	工序名称
1	原料检验	1	原料检验
2	初选	2	初选
3	蒸丝	3	蒸丝
4	烘丝	4	烘丝
5	选配丝	5	选配丝
6	络丝	6	络丝
7	并丝	7	并丝
8	捻丝	8	卷纬
9	整经	9	织造
10	织造		

注　各工序原料及半制品，按照纤维回潮率的要求进行保燥。

三、原料质量的要求

（1）原料名称：柞蚕大茧药水丝。

（2）名义条份或纤度：35旦。

（3）纤度根数：7根（即7粒茧）。

（4）断裂伸长：不大于30%。

（5）断裂强力：不低于 2.5 cN/旦。

（6）条份最大偏差：34~36 旦。

（7）条份偏差率：6%。

（8）洁净分数：95 分以上。

（9）清洁分数：85 分以上。

（10）抱合力：良好。

（11）色泽：一致。

四、蒸丝和烘丝

（一）蒸丝

1. 设备

笼屉式蒸锅。

2. 工艺设计

（1）蒸丝量：27 kg。

（2）汽压：经丝 0.7~0.88 kg/cm²；纬丝 0.7~0.8 kg/cm²。

（3）时间：经丝 20 min；纬丝 20 min。

（4）蒸后回潮率：12%~13%。

（5）蒸后回缩率：7%~8%。

3. 注意事项

（1）包丝前须将丝翻拌均匀蓬松。

（2）丝包放入笼屉内，包上一层布，以防滴水，产生水花。

（3）丝包出锅后，迅速打开，均匀铺开，待 3~5 min 翻晾一次，到 10 min 后送入烘丝室烘干。

（二）烘丝

1. 设备

（1）烘丝设备：烘丝室。

（2）放丝架：长 7.10 m；宽 1.16 m；高 1.74 m。

2. 工艺设计

（1）烘丝温度：干季 40~45℃；雨季 40~45℃。

（2）相对湿度：30%~40%。

（3）烘丝时间：干季 8~12 h；雨季 18~24 h。

（4）绞丝放置厚度：8~10 cm。

（5）烘后回潮率：干季 8%~9%；雨季 6%~8%。

3. 烘后选配丝要求

（1）室内要清洁整齐，配丝台面要光滑无刺。

（2）烘后丝分成两个色号使用，将特老、特白、花色的丝剔出。

（3）将水花、沾污、纤度不匀的丝选出。

五、在制品保燥（表 5-5-3）

表 5-5-3　在制品保燥

工序	保燥形式	保燥阶段	季节	工艺条件				备注
				温度（℃）	相对湿度（%）	时间（h）	平衡后回潮率（%）	
络丝	蒸汽保燥室	络前	干季	40~45	45~50	4~8	8~10	
			雨季	40~45	50~55	8~16	7~9	
		络后	干季	25~35		4~8	9~10	
			雨季	32~38	55~60	12~16	8~10	
并丝	蒸汽保燥室	并前	干季	25~35	50~55	4~8	9~10	
			雨季	32~38	55~60	12~16	8~10	
		并后	干季	40~45	45~50	8~16	8~10	
			雨季	40~45	50~55	18~24	7~9	
合丝	蒸汽保燥室	合前	干季					
			雨季					
		合后	干季					
			雨季					
捻丝	蒸汽保燥室	捻前	干季	25~35	50~55	4~8	9~10	热烘定型
			雨季	32~38	55~60	12~16	8~10	
		捻后	干季	40~45	45~50	18~24	8~10	
			雨季	40~45	50~55		7~9	
卷纬	电热保燥箱	卷前	干季	40~45	45~50	8~16	8~10	
			雨季	40~45	50~55	18~24	7~9	
		卷后	干季					
			雨季	32~34	60~65	0~2	9~11	
织造		在机	干季					
			雨季					

六、络丝

1. 设备

（1）络丝机器：铁木络丝机。

（2）锭子：单弹簧式，重量为 50 g。

（3）摩擦盘：直径为 16 cm。

（4）锭子轮：直径为 3 cm。

（5）绷架：六角式。

（6）重锤：重量为 50 g。

2. 卷装

（1）绞丝周长：120 cm。

（2）绞丝重量：40 g。

（3）卷绕筒子容丝量：50 g。

（4）卷绕筒子名称：络丝小型筒子。

（5）筒子规格：内径 3 cm；外径 6 cm；筒心长度 8.3 cm；重量 69 g。

3. 工艺设计

（1）主轴速度：（114±3）r/min。

（2）锭速：（600±15）r/min。

（3）线速：（85±2）m/min。

（4）导丝杆往复速度：16.5 次/min。

（5）导丝杆动程：8.3 cm/次。

（6）丝条张力：（25 ± 5）g。

（7）看锭量：60 锭/人。

（8）锭时理论产量：198 g。

（9）锭时实际产量：18.9 g。

（10）效率：50%。

（11）回丝率：0.2%。

（12）车间温度：（25 ± 5）℃。

（13）车间相对湿度：（65±5）%。

4. 注意事项

（1）撑子圆整、光滑，撑子锭无乱丝，瓷山瓷勾无口。

（2）挂丝绞扳平，挂在撑子上不拖丝，遇到硬边硬角搓开，不许浸水和咬丝。

（3）找头挑丝 1~2 根，挑丝条高度手指不离丝绞。

（4）接叉扣用小剪，丝条上吊掐去筒子与撑子之间受张力的丝条。

（5）按温湿度变化调节重锤。

（6）按先后规律使用原料，运用保燥箱，机板不许放绞丝。

（7）做好清洁工作，达到不带乱丝，线腰、纸张不落地，纤维不沾污。

七、并丝

1. 设备

（1）并丝机器：5B 并丝机。

（2）导丝轮：直径为 4.6 cm。

（3）锭子轮：直径为 2.1 cm。

2. 卷装

（1）卷绕筒子名称：小高脚筒子。

（2）卷绕容丝量：42 g。

（3）卷绕容丝长度：8.5 cm。

（4）筒子规格：内径 2.8 cm；外径 5 cm；内长 8.7 cm；外长 10.9 cm；重量 74 g。

3. 工艺设计

（1）主轴速度：（230±5）r/min。

（2）锭速：（3381±74）r/min。

（3）线速：（37.4±1）m/min。

（4）导轮转数：（238±6）r/min。

（5）丝条经导轮圈数：4 圈。

（6）导轮上部丝条张力：（100±5）g。

（7）导轮下部丝条张力：（20±2）g。

（8）钢针规格：23 号。

（9）捻度：2.3 捻/英寸。

（10）捻向：左。

（11）看锭量：104 锭/人。

（12）锭时理论产量：17.4 g。

（13）锭时实际产量：15.8 g。

（14）效率：91%。

（15）回丝率：0.15%。

（16）车间温度：（25±5）℃。

（17）车间相对湿度：（65±5）%。

4. 注意事项

（1）找头少捏轻推，破股检查找头清，捋净毛圈再接头。

（2）接头先捻好乱涂，分绞接叉扣，用小剪余头短。

（3）缠退导轮不挂练，防止边缠导轮边踩铲子。

（4）随着筒子直径增大，撼好钢针，按规定撼钢针，保持成形良好。

（5）注意检查和清除筒架瓷枕的乱丝，以及丝条通过部分，保持清洁光滑防止沾污及产生乱丝等庇点。

八、捻丝

1. 设备

（1）捻丝机器：6B 捻丝机。

（2）摩擦盘直径：24 cm。

（3）软木辊筒直径：9.4 cm。

2. 卷装

（1）卷绕筒子名称：捻丝小型筒子。

（2）卷绕筒子容丝量：65 g。

（3）卷绕筒子容丝长度：8.2 cm。

（4）卷绕筒子规格：内径 3.9 cm；外径 6.7 cm；内长 8.3 cm；重量 92 g。

3. 工艺设计

（1）主轴速度：（810 ±10）r/min。

（2）锭子速度：（9720±120）r/min。

（3）线速：（21.1±0.2）m/min。

（4）导丝钩绕法：1 道。

（5）导丝花绞长度：8.2 cm。

（6）导丝速度：4.36 次/min。

（7）导丝杆动程：8.3 cm/次。

（8）捻度：11.7 捻/英寸。

（9）捻向：左。

（10）丝条张力：（14±3）g。

（11）看锭量：300 锭/人。

（12）锭时理论产量：9.85 g。

（13）锭时实际产量：9.5 g。

（14）效率：96%。

（15）回丝率：0.05%。

（16）车间温度：（25±5）℃。

（17）车间相对湿度：（65±5）%。

4. 注意事项

（1）破股检查找头清，克服背股。

（2）接头抬筒子捻乱丝，按头后双手配合放筒子防止多少捻和代乱丝。

（3）加强巡回检查操作，克服偏紧磨筒子。

（4）经常保持丝条经过的部分与手的清洁，防止沾污。

九、整经

1. 设备

（1）整经机器：分条整经机。

（2）筒子架：平形筒子架。

（3）分绞轮：17 羽/英寸；17 cm（主）×38 cm（宽）。

（4）定幅筘：58 羽/英寸；105 cm（主）×12 cm（宽），移动距离：125 cm。

（5）大圆框：周长 300 cm；宽度 178 cm。

2. 卷装

（1）退绕筒子名称：捻丝小型筒子。

（2）空经轴规格类型：4.7 英寸和 5 英寸两种，有效长度有 98 cm 和 110 cm 两种。

3. 上机参数

（1）经线数：内经 4258 根；边经 32×2 根。

（2）整经幅度：（100±2）cm。

（3）每条整经数：242 根。

（4）每条整经宽度：5.4 cm。

（5）整经条数：18 条。

（6）末条经丝数：208 根。

（7）定幅筘密度：58 羽/英寸。

（8）定幅筘每齿穿入数：2 根。

（9）每条搭头空隙：0.05~0.1 cm。

（10）整经匹长：48.5 m。

（11）整经匹数：12。

（12）经丝重量：1.73 kg/匹。

（13）回丝率：0.03%。

4. 工艺设计

（1）大轮转数：（22±1）r/min。

（2）整经线速：（66±3）m/min。

（3）上轴速度：（28±2）r/min。

（4）筒子架与分绞筘距离：2.5 m。

（5）分绞筘与定幅筘距离：100 cm。

（6）整经张力：中间（20±5）g；两边（22±6）g。

（7）上轴张力：（55±5）g。

（8）车间温度：（25±5）℃。

（9）车间相对湿度：（65±5）%。

5. 注意事项

（1）筒子架、分绞筘、定幅筘和三者保持一直线。

（2）开车和行车要缓慢保持丝条张力的稳定。

（3）筒子架左边第一趟下面的十几个筒子要按标准使用筒子，如果发现筒子跳动时，检查与调换筒子辊。

（4）筒子盖有口者，在左边的应安在筒子架左边，反之安在右边。

（5）找清大轮的断头掐去受张力的丝条，接头后将丝拢起保持张力一致。

（6）换筒子掐去脱捻部分，接活头余尾 0.5 cm。

（7）按操作规定拢绞，并将经丝上的乱丝等疵点掐净。

（8）卷经时拴绞松紧一致，卷紧垫圈。

十、并丝（纬）

1. 设备

（1）并丝机器：5B 并丝机。

（2）导丝轮：直径为 4.6 cm。

（3）锭子轮：直径为 2.1 cm。

2. 卷装

（1）卷绕筒子名称：小高脚筒子。

（2）卷绕容丝量：46 g。

（3）卷绕容丝长度：8.6 cm。

（4）筒子规格：内径 2.75 cm；外径 4.65 cm；内长 8.8 cm；外长 10.9 cm；重量 65 g。

3. 工艺设计

（1）主轴速度：（230±5） r/min。

（2）锭速：（3381±74） r/min。

（3）线速：（22.8±0.5） m/min。

（4）导轮转数：（158±3） r/min。

（5）丝条缠导轮圈数：3 圈。

（6）导轮上部丝条张力：（75±5） g。

（7）导轮下部丝条张力：（24±2） g。

（8）钢针规格：23 号。

（9）捻度：4 捻/英寸。

（10）捻向：左。

（11）看锭量：104 锭/人。

（12）锭时理论产量：16 g。

（13）锭时实际产量：13.7 g。

（14）效率：85.6%。

（15）回丝率：0.15%。

（16）车间温度：（25±5）℃。

（17）车间相对湿度：（65±5）%。

4. 注意事项

（1）找头少捏轻推，破股检查找头清，捋净毛圈再接头。

（2）接头先捻好乱涂，分绞接叉扣，用小剪余头短。

（3）缠退导轮不挂练，防止边缠导轮边踩铲子。

（4）随着筒子直径增大，撼好钢针，按规定撼钢针，保持成形良好。

（5）注意检查和清除筒架瓷枕的乱丝以及丝条通过部分，保持清洁光滑防止沾污以及产生带乱丝等疵点。

十一、卷纬

1. 设备

（1）卷纬机器：卧式搭津机。

（2）摩擦盘：主动盘直径为 17.7 cm；被动盘直径为 7 cm。

（3）成形套筒：大孔 1.7 cm；小孔 1.15 cm；长度 3.4 cm。

（4）张力装置：跳头式。

2. 卷装

（1）纬管规格型号：24 号。

（2）纬管有效长度：12.2 cm。

（3）纬管容丝量：11 g。

3. 工艺设计

（1）主轴速度：（760±10）r/min。

（2）锭速：（1920±25）r/min。

（3）线速：（90.4±1）m/min。

（4）卷绕方向：左。

（5）锭子往复速度：184 次/min。

（6）花绞长度：3.2 cm。

（7）丝条张力：（110±10）g。

（8）看锭量：36 锭/人。

（9）锭时理论产量：0.063 kg。

（10）锭时实际产量：0.058 kg。

（11）效率：92%。

（12）回丝率：0.005%。

（13）纬穗回潮率：9%～11%。

（14）车间温度：(25±5)℃。

（15）车间相对湿度：(65±5)％。

4. 注意事项

（1）绩管压往头，拨穗掐管根，防止治污。

（2）缓开车扶丝条，中间不接头。

（3）按筒子直径和保温度变化，调节松紧器，注意检查靠边和掉跳头筒子克服紧纬。

（4）认真执行原料使用制度，防止上错筒子、插错穗子。

（5）保持丝条经过的部分与手的清洁，防止沾污。

十二、织造

1. 设备

（1）织造机器：铁木织机。

（2）有效箱幅：114 cm。

（3）有效机身长度：1.79 m。

（4）开口机构类型：多臂。

（5）送经装置类型：积极式。

（6）卷取装置类型：积极式。

（7）梭箱数：1×1。

（8）梭子类型：24 号。

（9）综丝型号：330×0.30（13 号）。

（10）幅撑类型：刺辊。

2. 上机参数

（1）总经根数：4322 根。

（2）综框片数：内经 6 片；边经 4 片。

（3）提综次序：见纹板图。

（4）钢筘密度：37 齿/英寸；幅度：98.5 cm。

（5）钢筘有效高度：7 cm。

（6）内综穿法：根据穿综图。

（7）边综穿法：1、2、3、4 顺穿（1、2 和 3、4 各织一个边）。

3. 工艺参数

（1）梭口高度（梭子前壁距上层经丝距离）：0.3~0.7 cm。

（2）开口最大时下层经距走梭板距离：0.05~0.1 cm。

（3）综平度：2~3 cm。

（4）投梭开始时轮到织口距离：4.5~5 cm。

（5）后梁低（高）于胸梁：6~7 cm。

（6）走梭板弧度：0.2~0.3 cm。

（7）筘与走梭板角度：90°。

（8）综平时综眼低于经直线：1.5~2.5 cm。

4. 工艺设计

（1）主轴速度：（155±3）r/min。

（2）经缩率：4.5%。

（3）在机纬密：86 根/英寸。

（4）台时理论产量：2.68 m。

（5）台时实际产量：2.31 m。

（6）效率：86.2%。

（7）回丝率：0.50%。

（8）车间温度：25±5℃。

（9）车间相对湿度：（65±5）%。

5. 注意事项

（1）有计划地巡逻，掌握了梭时间，争取主动换梭时必须将梭子塞足，筘推足，开车开足、开车时扳筘帽帮助起动。

（2）装梭时必须注意换查并剔出松紧、罗纹、毛穗花色沾污等劣穗子，检查梭子是否光滑，穗子的尖端是否对正对着瓷眼，有无塌底，露面靠帮等毛病，有则及时调节，装穗子必须根据分类供应制规定使用穗子。

（3）注意做好机前机后的检查与整理工作，机后断经丝经补接头，不许拉斜头，剪毛时经丝不能提得太高，要求手指不能离开经口，并将毛丝彻底处理干净。

（4）拆绸时必须散挑，拆后接挡对准量档口，筘与织口对准，前后走撬调节适当。

（5）不许放断经与毛圈疙瘩松紧经等疵点。

十三、练漂工艺卡（表5-5-4）

表5-5-4　练漂工艺卡

织物名称	柞丝绢		织造厂地	一厂	经丝	柞蚕丝	纬丝	柞蚕丝
原料代号	5106		定长	46.3 m	幅宽	95 cm	定重	3.66 kg
设备	项目		精练		漂白		过酸	脱水
	类型		瓷砖槽		装砖槽		过酸机	离心脱水机
	规格		1.6 m×1 m×1.4 m		1.6 m×1 m×1.4 m		1.3 m×1.3 m×0.8 m×5	
项目	药剂名称		第一次		第二次	第三次	工艺条件	
前处理	纯碱		0.58 g/L				温度	55~60℃
	水量		1900 kg				时间	3 h

精练	肥皂	6.0 kg	1.8 kg	0.9 kg	温度	96~97℃
	纯碱	3.0 kg	0.9 kg	0.45 kg	时间	1.5 h
	雷米帮A	3.0 kg	0.9 kg	0.45 kg	浴比	1:26
					定数	20
水煮	清水	1900 kg			温度	90~95℃
					时间	30 min
漂白	双氧水	10 kg	按测定消耗数据补加		温度	60~83℃
	碳酸钠	2 g			时间	7 h
					定数	30
水煮	清水	1600 kg			温度	60~65℃
					时间	30 min
					定数	30
水洗	练煮后水洗二次	温度 35~40℃	整理要求			
	练煮后水洗二次	温度 35~40℃				
过酸	温度	45℃	酸定量：硫酸 66°Bé　30℃		速度	36 m/min
脱水	速度	700 r/min	含水率	75%~80%		
工艺过程	准备→挂码→订线→浸泡→精练→水煮→水洗→漂白→水煮→水洗→过酸→脱水→机干→浸水→脱水→烘干					

十四、整理工艺卡（表5-5-5）

表5-5-5　整理工艺卡

织物名称	柞丝绸	加工类别	漂	纤维种类	柞蚕丝	组织	绉纹
代号	5106	成品定长	45.72 m	成品幅宽	91.5 cm	成品重量	3.07 kg
工艺条件	干燥		润绸	拉宽	平光	挂码
	室干	机干				
设备型号	挂干	烘干机	手工润绸	拉幅机	平光机	码布机
设备规格	烘干量	八滚筒		布铗	拉幅机呢毯 平光机	
汽压（kg/cm^2）		0.5		1.5	1.5	
车速（m/min）		36		20	20	40

续表

幅宽（cm）				91.5		
温度	45~50℃					

一、缩水率：经缩/%　纬缩/%

二、织物强力：经强力　纬强力

第六章　柞丝健康布

织物风格特征：柞绢天丝氨纶健康布为柞蚕绢丝针织产品，具有良好的伸缩性、优异的吸湿透气性、极佳的抗皱性。柞蚕天丝氨纶健康布接触皮肤面料为纯柞绢，主要成分为蛋白质纤维，含有十八种氨基酸，其中丝素肽对皮肤有保养作用，天然抗紫外线，不起静电，柞绢纱线为中空纤维，保暖性好；外面为兰精天丝，色彩鲜艳，时尚。

一、织物规格（表5-6-1）

表5-6-1　织物规格

成品规格		织造规格	
外幅	1.87 m	针数	28 针/25.4 cm
内幅	1.85 m	织机尺寸（直径）	34/25.4 cm
经密	15.91 针/cm	成圈系统数	72 路
纬密	17.52 路/cm	坯布经密	35 针/25.4 cm
成品重量	28 kg/匹布	坯布纬密	174 线圈/25.4 cm
成品长度	57.59 m	基本组织	空气层
备注	织物组织三角图、排针、排纱 （1）三角图 （2）排针 （3）排纱 ①④为30旦氨纶 ②⑤为40英支/1天丝 ③⑥为85公支/1柞绢纱 ②③⑤⑥加30旦氨纶，为衬垫组织		

三角图：

	①	②	③	④	⑤	⑥
2	—	V	—	∪	V	—
1	∪	V	—	—	V	—
1	∩	—	∧	—	—	∧
2	—	—	∧	∩	—	∧

排针：

上盘针	2	1	2	1
下盘针	1	2	1	2

二、织面、底纱工艺程序（表5-6-2）

表5-6-2　织造工艺流程

\multicolumn{2}{}{面纱（兰精天丝）}		底纱（柞绢纱）	
次序	工序名称	次序	工序名称
1	筒子纱	1	筒子纱
2	紧筒	2	松筒
3	织造	3	染整
		4	脱水
		5	烘干
		6	紧筒
		7	织造

三、原料质量要求

1. 兰精天丝质量要求

（1）纱支：40英支/1。

（2）捻度捻向：21.6捻/英寸，S捻。

（3）单纱断裂强力：≥13.5 cN/tex。

（4）条干均匀度变异系数：≤18%。

（5）抗起球等级：≥2.5级。

（6）色差：>4级。

（7）水洗牢度：≥4级。

（8）日晒牢度：≥7级。

（9）升华牢度：≥4级。

（10）pH：6~7。

2. 柞绢纱线质量要求

（1）纤度：85公支/1（柞绢）。

（2）捻度捻向：22.2捻/英寸。

（3）单纱断裂强度：≥13 cN/tex。

（4）条干均匀度变异系数：≤17%。

（5）断裂强力变异系数：≤13.5%。

（6）色泽：浅黄色。

四、原料存放标准

1. 兰精天丝

（1）温度：25~30℃。

（2）相对湿度：50%以上。

（3）回潮率：8%~10%。

2. 柞绢纱线

（1）温度：25~30℃。

（2）相对湿度：65%~70%。

（3）回潮率：11%~12%。

五、松筒、染整、脱水、烘干、紧筒

（一）松筒

1. 设备

HS~101C 系列半自动络筒机。

2. 工艺设计

（1）张力：3 g。

（2）车速：600 m/min。

（3）米长：5500。

（4）摆幅：±13%。

3. 注意事项

（1）卷绕纱筒时，为使纱筒均匀，参数不得随意变化。如速度、张力盘、上蜡盘、穿纱等。电子清纱器、电子记长器、空气捻洁器等都是精密器材，不易中途多动参数。

（2）电路操作应由专职人员负责，维修电路故障或必要动电器部件时，必须关机，从配电盘拆下电缆，使电容放电几分钟后再动手工作。

（3）槽筒安装维修时必须在槽筒轴及孔内擦油再装入，装卸时防止锤击，以免损伤。

（二）染整

1. 设备

筒子纱染色机。

2. 工艺设计

染整工艺配方见表5-6-3。

表 5-6-3　染整工艺配方

加料顺序	助剂名称	用量（g/L）
1	精练剂	2
	纯碱	2
2	分散剂	3
3	中和酸	0.2
4	柔软剂（无硅油）	0.5

3. 注意事项

（1）纱管一定要干净整洁，无破损，并在装纱过程中，管与管之间一定不要有间隙。

（2）过柔软时，温度一定要控制好，防止柔软剂破乳。

（3）染缸水的浴比一定控制好，所有助剂使用量按照水浴比而定用量。

（4）生产各环节注意卫生，避免沾污发生。

（三）脱水

1. 设备

脱水机器：RZT-筒子纱脱水机。

2. 工艺设计

（1）脱水时间：15 min。

（2）脱水纱线含水率要求：15%～20%。

3. 注意事项

（1）装纱过程中，一定要均匀，避免振动。

（2）用时间控制器设定脱水时间。

（四）烘干

1. 设备

烘干机器：SDA01-85 射频烘干机。

2. 工艺设计

（1）电流：1.7～1.8 A。

（2）功率：80%～90%。

（3）冷却水温度：25～40℃。

3. 注意事项

（1）冷凝水的温度一定要在规定温度范围内。

（2）烘干前，打开上面两个气阀，当下面两个水阀出现白色蒸汽时进行关闭。

（五）紧筒

1. 设备

紧筒机器海石花半自动紧筒机。

2. 工艺设计

（1）张力：3 g。

（2）车速：400 m/min。

（3）米长：500 m。

（4）摆幅：±13%。

3. 注意事项

（1）紧筒过程中上蜡一定要均匀。

（2）张力要均匀。

六、织布

1. 设备

织布机器：针织大圆机。

2. 织机工艺参数

（1）上盘针筒与下盘针筒筒高（表5-6-4）。

表5-6-4　上盘针筒与下盘针筒筒高

针数	纱支	纱长	筒高
24~28G	40英支/1	26~28 cm	0.8 mm
		28.1~29 cm	1.0 mm
	30英支/1~32英支/1	29.1~31 cm	1.2 mm
		31.1~34.5 cm	1.3 mm

（2）纱线张力要求（表5-6-5）。

表5-6-5　纱线张力要求

布类		张力（N）
双面面料	32英支/1~50英支/1	5~7
	16英支/1~20英支/1	7~9
	5英支/1~10英支/1	10~12

（3）织针等级要求（表5-6-6）。

表5-6-6　织针等级要求

织针分级标准	适用布类
新针	如牛津珠地、密根罗纹、丝光布、磨毛布等
A+　1~45天　（1）使用不超过45天　（2）压针不磨损、针舌不磨损	用于织纱支较高、密度较大或较疏的布，如双面布、双纱平纹、磨毛单位衣、磨毛双位衣、剪毛布、毛巾布等

（4）注意事项。风油气供应正常，油量标头在绿色区域，气压在2 Pa左右。抽针位必须放在布边，并注意布边压痕和折痕。

3. 面料工艺设计

（1）线圈长度（表5-6-7）。

表 5-6-7 线圈长度

线圈	①	②	③	④	⑤	⑥
2	—	∨	—	∪	∨	—
1	∪	∨	—	-	∨	—
1	∩	—	∧	—	—	∧
2	—	—	∧	∩	—	∧

①④为 30 旦氨纶线长：11 cm/100 针。

②③⑤⑥线长：29.4 cm/100 针，②⑤为 40 英支/1 天丝，③⑥为 85 公支/1 柞绢纱。

②③⑤⑥30 旦氨纶线长为：12.2 cm/100 针。

（2）成分比例：85 公支/1 柞绢纱线比例：38.6%；40 英支/1 天丝：48.2%；30 旦氨纶：13.2%。

（3）机台转速：15 r/min。

（4）机台理论产量/24 h：138.67 kg/（天·台机）。

（5）效率：85%。

（6）看台量：3 台/人。

（7）车间温度：（25±5）℃。

（8）车间相对湿度：（68±4）%。

4. 注意事项

（1）织机储纱器分丝挡位调到最小，避免因纱结问题，引起布面疵点。

（2）织布每 10 m，通过开幅线进行开剪，对布面进行检测，避免因检查不到位造成面料不良，造成损失。

（3）每批布下机后，匹头要进行复检留底（注明日期、卷号、挡车人员、颜色、重量、机台号等），并详细记录。

七、后整理工艺

后整理工艺流程如图 5-6-1 所示。

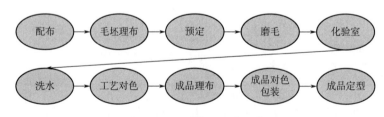

图 5-6-1 后整理工艺流程

参考文献

［1］ 朱良均. 蚕丝工程学［M］. 杭州：浙江大学出版社，2020.

［2］ 陈文兴，傅雅琴. 蚕丝加工工程［M］. 北京：中国纺织出版社，2013.

［3］ 姚穆. 纺织材料学［M］. 5 版. 北京：中国纺织出版社有限公司，2019.

［4］ 陈忠艺，雷伍群. 柞蚕生产及综合利用技术［M］. 郑州：河南科学技术出版社，2021.

［5］ 路艳华. 天然染料在真丝染色中的应用［M］. 北京：中国纺织出版社，2017.

［6］ 程德红. 柞蚕丝染色整理及综合利用［M］. 北京：中国纺织出版社，2019.

［7］ 李佳. 柞蚕丝胶蛋白在纺织纤维材料中的应用［M］. 北京：中国纺织出版社，2022.

［8］ 阎克路. 染整工艺与原理：上册［M］. 北京：中国纺织出版社，2020.

［9］ 赵涛. 染整工艺与原理：下册［M］. 北京：中国纺织出版社，2020.

［10］ 陶乃杰. 染整工程：第二册［M］. 北京：中国纺织出版社，1990.

［11］ 陈英，屠天民. 染整工艺实验教程［M］. 2 版. 北京：中国纺织出版社，2016.

［12］ 冯开隽，薛嘉栋. 印染前处理［M］. 北京：中国纺织出版社，2006.

［13］ 周炳明，刘雷. 柞绢丝纤维生产及纺纱工艺要点［J］. 纺织导报，2018（9）：39-42.

［14］ 陆兴鹉. 柞蚕丝制丝和织造准备工艺研究［D］. 天津：天津工业大学，2007.

［15］ 中国纺织总会教育部，王晓春，等. 丝绸织染概论［M］. 北京：中国纺织出版社，1995.

［16］ 赵丰. 中国丝绸通史：The General History of Chinese Silk［M］. 苏州：苏州大学出版社，2005.

［17］ 弋辉. 中国茧丝绸产业改革发展纪实：1995—2010［M］. 北京：中国纺织出版社，2016.

［18］ 王文良，迟立安. 安东旧影［M］. 沈阳：辽宁省画报出版社，2012.

［19］ 朱新矛. 中国丝绸史［M］. 北京：中国纺织出版社，1992.

［20］ 荆妙蕾. 织物结构与设计［M］. 6 版. 北京：中国纺织出版社有限公司，2021.

［21］ 王革辉. 服装材料学［M］. 3 版. 北京：中国纺织出版社有限公司，2020.

［22］ 辽宁省丝绸公司. 柞蚕茧制丝技术［M］. 北京：纺织工业出版社，1984.

［23］ 姜德富. 发展柞蚕产业　促进农民增收致富［J］. 新农业，2009（5）：49-50.

［24］ 陈智毅，李森，吉林省蚕业科学研究所. 东北地区柞蚕资源综合利用调研报告［C］//中国蚕学会. 中国蚕学会，2011.

［25］ 田荣乐. 丹东柞蚕生产百年历史概述［J］. 北方蚕业，2012，33（3）：54-57.

［26］ 姜雪丽. 发挥区域优势，促进丹东市特色柞蚕业发展的研讨［J］. 辽宁丝绸，2020（1）：1-2，27.

［27］杨长成，丛斌，郑雅楠. 不同温度处理对柞蚕茧保藏期的影响［J］. 河南农业科学，2010，39（6）：91-94.

［28］王勇，赵香港，张金山，等. 我国柞蚕利用的历史与现状及展望［J］. 中国蚕业，2023，44（4）：55-61.

［29］刘孝良，黄静雅，张禹，等. 柞蚕综合利用研究进展［J］. 北方蚕业，2023，44（3）：7-11，35.

［30］袁越鸿. 明清时期柞蚕业兴盛原因探析［J］. 农业考古，2021（1）：166-171.

［31］赵兴海. 辽宁柞蚕丝绸业的跌落与重生［J］. 辽宁丝绸，2018（2）：1-5.

［32］薛强，刘隽彦，张洋，等. 柞蚕茧综合利用现状与展望［J］. 中国蚕业，2017，38（2）：51-56.

［33］张夏，于学成，于学智. 柞蚕茧系统分形研究［J］. 辽宁丝绸，2022（1）：1-2，77.

［34］雷静，张夏，于学成. 柞蚕秋茧茧层厚度抽样测量［J］. 辽宁丝绸，2021（1）：1-3.

［35］于有生，张夏. 重新定位辽宁柞蚕丝绸的发展方向打造区域经济特色［J］. 辽宁丝绸，2014，（2）：5-6.

［36］张新，慕德明，张夏. 柞蚕纤维在美容护肤方面的应用及特点［J］. 辽宁丝绸，2022，（4）：86.

［37］朱苏康，高卫东. 机织学［M］. 北京：中国纺织工业出版社，2015.

［38］谌苗苗，王勇，李树英，等. 科技创新视角下的柞蚕产业发展与对策［J］. 蚕业科学，2022，48（2）：162-169.

［39］国家林业和草原局. 中国森林资源报告（2014—2018）［M］. 北京：中国林业出版社，2019.

［40］WANG Y，XU C，WANG Q，et al. Germplasm resources of oaks（Quercus L.）in China：Utilization and prospects［J］. Biology，2022，12（1）：76.

［41］秦利，李喜升. 栎属植物资源及利用［M］. 沈阳：辽宁科技出版社，2021：159-225.